印刷跟单与估价

马若丹/著

文化发展出版社
Cultural Development Press

内容提要

本书根据国内包装印刷企业的相关产品实际情况，主要介绍了各个产品的跟单工艺流程、怎样阅读施工单、拼版图和成本核算。本书包括 6 个单元，含有 16 个具体案例，详细讲解了怎样阅读施工单、书刊类印刷品、广告类印刷品、包装类印刷品、其他印刷品的跟单实例，并且对广东地区平版印刷单价标准进行了详细的介绍，方便读者与实际工作情况结合起来，使读者能够快速掌握实际工作跟单与估价方法。本书的案例是目前国内包装印刷企业接活较多的案例产品，具有一定的实践指导意义。

本书适合印刷包装企业跟单员、业务员、计价员自学使用，也适合作为职业院校教材或者相关培训机构作为教材使用。

图书在版编目（CIP）数据

印刷跟单与估价/马若丹著.-北京:文化发展出版社,2013.8（2024.1重印）
ISBN 978-7-5142-0664-7

Ⅰ.印… Ⅱ.马… Ⅲ.①印刷－生产工艺②印刷品-估价 Ⅳ.①TS805②F768.9

中国版本图书馆CIP数据核字(2013)第140451号

印刷跟单与估价

马若丹　著

责任编辑：杨　琪　　　　责任校对：岳智勇
责任印制：邓辉明　　　　责任设计：韦思卓
出版发行：文化发展出版社（北京市翠微路 2 号 邮编：100036）
网　　址：www.wenhuafazhan.com
经　　销：各地新华书店
印　　刷：北京建宏印刷有限公司

开　　本：787mm×1092mm　1/32
字　　数：135千字
印　　张：5.25
印　　数：6501～7000
印　　次：2024年1月第1版第7次印刷
定　　价：32.00元
I S B N：978-7-5142-0664-7

前　言

一个地区的印刷业发展水平，取决于这一地区的经济文化发展程度。广东位于改革开放的前沿，印刷工业水平以及包括包装工业水平，在整体发展上都略早于全国各地，因此市场经济的大潮也催生出了一批又一批的印刷业务员。随着越来越多的印刷产品工艺流程的复杂化，印刷业务员的分工也逐步分化：一部分对外的业务员，依然承担着企业与外界沟通的重要职责，一旦合同签单，则交由企业内部的业务员跟踪印刷加工工艺的全过程，这一部分在企业内部则称为跟单员。跟单员其实也可以称为流动的质检员，跟单员与企业的QC（质检员）不同，QC员岗位固定，往往只在本车间进行质量检测，而跟单员岗位灵活，他不仅要在不同的车间进行质量检测，甚至有些印刷产品的加工项目由相关企业完成时，还要与这些企业的生产车间进行沟通并检测质量是否达标。所以跟单员也可以是一台摄象机，全程记录印刷产品的生产状况，确保印刷品的质量标准和印刷产品的交货时间，是印刷企业管理者的另一只眼睛。

随着企业的发展，对企业内部管理的分工逐渐明晰化。此书将跟单员的跟单要点与业务员估价方式融入其中，一是使业务员能够理解跟单员的职责；二是从跟单员的角度，努力把握工艺过程的成本控制。在跟单的过程中，每个环节的价格标准就是构成成本核算的基础。本书在注重介绍印刷工艺特征的基础上，强调了印刷工艺的流程。只要流程清晰，价格的计算就变得简单易行，往往可以达到事半功倍的理想效果。因此跟单员是很容易跨入业务员行列的。特别是如今国家对青年一代创业的鼓励，年青人创业最关心的就是如何获得剩余价值，一个不懂得成本核算，或者说不知道企业利润来自哪里的老板，谈何创业？

中国印刷业的发展，也是中国文化发展的重要组成部分。中国软实力的不断提升，要求我们的从业者提升相应水平。面对全球化的影响，使我们真正感受到了印刷技术在日新月异，印刷品种在不断推陈出新，特别是劳动力成本所占比重越来越高，印刷品加工成本的构成必然有所改变。印刷品的计价在我国有着不同的地域性特征，价格标准相应地与各地经济水平相互映衬。本书所述的价格仅代表广东地区的一般价格参考标准，并不能作为全国标准来应用，读者应将其视为一种计价方法的指导，用此计算方法来适应不同地区的价格标准。尽管印刷计价的软件版本都有不少，但计价基础性知识是一致性的，也就是说会进行印刷计价的人，一定会用计价软件，而会用计价软件的人离开软件未必会计价。

本书根据国内包装印刷企业的相关产品实际情况，主要介绍了各个产品的跟单工艺流程、怎样阅读施工单、拼版图和成本核算。本书包括6个单元，分别对怎样阅读施工单、书刊类印刷品、广告类印刷品、包装类印刷品、其他印刷品的跟单实例进行了详细介绍，并且对广东地区平版印刷单价标准进行了说明，方便读者与实际工作情况结合起来，使读者能够快速掌握实际工作跟单与估价方法。

本书在6个单元中共有16个案例，分别为：期刊杂志类、以文字为主的胶装书、以图像为主的胶装书、图文并茂的精装书、折叠式广告宣传单张（1）、折叠式广告宣传单张（2）、文件夹式产品宣传册、纸质礼品袋、纸质不规则吊牌、纸质规则吊牌、折叠式化妆品包装、折叠式小药盒包装、心形包装盒、书形包装盒、地图类印品、不干胶标签类印品。本书的这些案例是目前国内包装印刷企业接活较多的案例产品，具有一定的实践指导意义。

由于作者自身理解能力有限，案例的说明未能尽如人意，恳请读者帮助并批评指正。

马若丹

2013年6月于广州

CONTENTS

目录

单元一　阅读施工单　1

一、客户要求及客户相关信息　4
二、印刷要求　9
三、印后加工要求　13
四、其他内容　20

单元二　书刊类印刷品跟单实例　23

案例一　期刊杂志类跟单实例　24
一、案例说明　24
二、跟单工艺流程　25
三、阅读施工单　25
四、拼版图　27
五、成本核算　29

案例二　以文字为主的胶装书跟单实例　31
一、案例说明　31
二、跟单工艺流程　32
三、阅读施工单　32
四、成本核算　39

案例三　以图像为主的胶装书跟单实例　41
一、案例说明　41
二、跟单工艺流程　42
三、阅读施工单　42
四、成本核算　48

案例四　图文并茂的精装书跟单实例　50
一、案例说明　50
二、跟单工艺流程　51
三、阅读施工单　51
四、拼版　52
五、成本核算　58

单元三　广告类印刷品跟单实例　62

案例五　折叠式广告宣传单张跟单实例（1）　62
一、案例说明　62
二、跟单工艺流程　63
三、阅读施工单　63
四、拼版与印刷　64
五、印后加工　65
六、成本核算　65

案例六　折叠式广告宣传单张跟单实例（2）　66
一、案例说明　66
二、跟单工艺流程　67
三、阅读施工单　68
四、成本核算　69

案例七　文件夹式产品宣传册跟单实例　70
一、案例说明　70
二、跟单工艺流程　71
三、阅读施工单　72
四、设计版面　73
五、面纸拼版　75
六、印后加工　78
七、成本核算　78

案例八　纸质礼品袋跟单实例　80
一、案例说明　80
二、跟单工艺流程　81
三、阅读施工单　81
四、礼品袋拼版图　82
五、成本核算　83

案例九　纸质不规则吊牌跟单实例　84
一、案例说明　84
二、跟单工艺流程　85
三、阅读施工单　85
四、拼版图　86
五、成本核算　87

案例十　纸质规则吊牌跟单实例　88
一、案例说明　88
二、跟单工艺流程　89
三、阅读施工单　89
四、拼版图　90
五、成本核算　90

单元四　包装类印刷品跟单实例　93

案例十一　折叠式化妆品包装跟单实例　93

一、案例说明　93

二、跟单工艺流程　95

三、阅读施工单　96

四、拼版图　98

五、成本核算　100

案例十二　折叠式小药盒包装跟单实例　101

一、案例说明　101

二、跟单工艺流程　102

三、阅读施工单　102

四、拼版图　103

五、成本核算　105

案例十三　心形包装盒跟单实例　107

一、案例说明　108

二、跟单工艺流程　108

三、阅读施工单　110

四、心形天地盖盒操作状态图　111

五、拼版图　111

六、成本核算　113

案例十四　书形包装盒跟单实例　115

一、案例说明　115

二、跟单工艺流程图及拼版图　116

三、阅读施工单　118

四、成本核算　120

单元五　其他印品的跟单实例　123

案例十五　地图类印品跟单实例　123
一、案例说明　123
二、跟单工艺流程　124
三、阅读施工单　126
四、拼版图　127
五、成本核算　127

案例十六　不干胶标签类印品跟单实例　128
一、案例说明　128
二、跟单工艺流程　129
三、阅读施工单　133
四、拼版图　133
五、成本核算　134

单元六　广东地区平版印刷单价标准参考　136

附　录　143

附录一　印刷品质量检测工具及其应用　144
附录二　印刷用字单位磅与号的规格比较　151
附录三　灰纸板克重与厚度的关系　152
附录四　2013 年印刷纸价参考　155
附录五　纸张克重、数量、厚度、张/吨的换算　157

单元一

阅读施工单

印刷跟单第一步就是阅读施工单。

在很多时候，我们拿到的施工单都是工作说明及一些相关数据的形式，表面上看非常简单，可是我们为什么还会经常一不小心就会出错呢？因为在简单的施工单背后有着非常多的信息是用一张施工单无法表达清楚的。这也就是我们应该了解的这个“单”应该如何“跟”的含义所在。

印刷施工单的格式多种多样，但内容都离不开三部分：

①客户要求。

②印刷要求。

③印后加工要求。

印刷施工单的具体内容见图1－1。下面根据印刷品的相关要求，分别对印刷生产施工单的有关项目，以及应该关注的重点进行逐项分析。

<table>
<tr><td rowspan="4">①客户要求</td><td>印件名称</td><td colspan="2"></td><td>客户名称</td><td colspan="2"></td></tr>
<tr><td>印件类别</td><td></td><td>开单时间</td><td></td><td>交货时间</td><td></td></tr>
<tr><td>成品尺寸</td><td colspan="2">mm×　　mm</td><td>成品数量</td><td>成品开度</td><td>开</td></tr>
<tr><td>原稿</td><td>照片　　张</td><td>透射正片　张</td><td>胶片　　张</td><td colspan="2">其他</td></tr>
<tr><td rowspan="10">②印刷要求</td><td>项目</td><td>封面、封底</td><td>内页</td><td>护封</td><td colspan="2">完成时间</td></tr>
<tr><td>纸张名称(克重)</td><td></td><td></td><td></td><td colspan="2"></td></tr>
<tr><td>纸张规格</td><td></td><td></td><td></td><td colspan="2"></td></tr>
<tr><td>用纸数量</td><td></td><td></td><td></td><td colspan="2"></td></tr>
<tr><td>印刷色数</td><td></td><td></td><td></td><td colspan="2"></td></tr>
<tr><td>拼版方式</td><td></td><td></td><td></td><td colspan="2"></td></tr>
<tr><td>印刷版数</td><td></td><td></td><td></td><td colspan="2"></td></tr>
<tr><td>上机尺寸</td><td></td><td></td><td></td><td colspan="2"></td></tr>
<tr><td>印刷机台</td><td></td><td></td><td></td><td colspan="2"></td></tr>
<tr><td>印刷色序</td><td></td><td></td><td></td><td colspan="2"></td></tr>
<tr><td rowspan="4">③印后加工要求</td><td>面纸加工</td><td colspan="5">□烫金面积　cm×　cm　□压凸　cm×　cm
□ 过 UV 油　cm×　cm　□水晶油　cm×　cm
□模切规格　cm×　cm　□裱糊面积　cm×　cm
□过塑　□穿绳　长　cm　□其他　□　□</td></tr>
<tr><td>内页加工</td><td colspan="5">□折页　手　□锁线　手　□胶装　手　□骑马订　手
□手工锁线　叠　□打孔
□模切规格　cm×　cm　□裱糊面积　cm×　cm
□穿绳　长　cm　□其他　□　□</td></tr>
<tr><td>包装盒/箱</td><td colspan="5">□模切规格　cm×　cm　□裱糊面积　cm×　cm
□订口位（上）　cm×（下）　cm　□粘口位　个</td></tr>
<tr><td>其他说明</td><td colspan="5"></td></tr>
<tr><td colspan="2">包装方式</td><td colspan="5"></td></tr>
<tr><td colspan="2">工单发送部门</td><td colspan="5">□工艺管理部　□设计部　□印刷部　□印后加工部
□质检部　□仓库　□采购部</td></tr>
<tr><td colspan="2">跟单员</td><td colspan="2">负责人</td><td colspan="3">备注</td></tr>
<tr><td colspan="2">业务员</td><td colspan="2">负责人</td><td colspan="3">备注</td></tr>
<tr><td colspan="2">制单员</td><td colspan="2">负责人</td><td colspan="3">备注</td></tr>
</table>

图 1－1　印刷施工单样式

一、客户要求及客户相关信息

从施工单的第 1 ~4 行中，我们可以对客户的类别进行一般性了解，对印刷品的要求进行定位。客户是高端客户还是一般客户；交货时间是否及时往往是客户最关心的内容。有时印刷品质的好坏在时间概念上已经不重要，因为印刷品广告宣传及包装物的特性，决定了时间就是生命，错过时间印刷品也许就是废纸一堆。

1. 印件名称

印件名称一般以印品的文字标题作为名称，例如，书名、包装盒上的包装物名称，图片没有名称或无文字的印品，也可以客户名称代替。如果同一包装文字名称相同，有大小区别，有形状区别，以及有色彩的区别，还须增加附带说明。例如，药盒“××胶囊大盒”、“××胶囊小盒”、“××胶囊红色盒”、“××胶囊黄色盒”、“××胶囊方形盒”、“××胶囊圆形盒”等。在这些问题上一旦含混不清，将给印后加工带来不便。

2. 客户名称

一般以客户的单位名称署名，例如，中国电信××分公司、中铁集团××分公司、××省党史办、××区医院、××大学等，也有以个人名称出现，如个体经营者。为工作方便，有时还需留下具体客户主要负责人的电话，以便出现不清楚具体项目要求时及时沟通。

3. 印件类别

由于近十年印刷业的蓬勃发展，印刷品的种类已达到浩如烟海的程度，从大的分支，按印刷方式分有六大类：平版印刷品、凹版印刷品、凸版印刷品、丝网印刷品、数字印刷品、特种印刷品。

（1）平版印刷品
- 单张纸的平版胶印印刷品
- 卷筒纸的平版胶印印刷品

(2) 凹版印刷品
- 塑料薄膜类印刷品
- 铝箔印刷品
- 纸张类印刷品
- 纸箱类预印刷品
- 人造革类印刷品

(3) 凸版印刷品
- 金属版材的凸版印刷品
- 感光树脂版的凸版印刷品
- 柔性感光树脂版的凸版印刷品

(4) 丝网印刷品
- 小标签类不干胶印刷品
- 有规格的丝网印刷品
- 无规格的丝网印刷品

(5) 数字印刷品
- 大型广告喷绘印刷品
- 无版、无压力的快速印刷品

(6) 特种印刷品。特种印刷是相对于一般印刷而言的技术术语，它包括：

①以包装材料为主要产品的包装装潢特种印刷。

②以金属材料为主的装饰板材、易拉罐类印刷。

③以玻璃板、玻璃器皿为承印物的玻璃印刷。

④以纸板、瓦楞纸板为承印物的纸箱、纸盒类印刷。

⑤以纺织物为承印材料的纺织品印刷。

⑥以不干胶类为承印材料的商标标贴类印刷。

⑦以电路板为承印物的电路板印刷。

⑧以集成电路为主要产品的集成电路印刷。

⑨以磁性油墨印刷的卡类磁性产品印刷。

⑩以特殊印刷原理为基础的静电植绒印刷方式、立体印刷、全息照相印刷、热转印、移印、太阳能电池印刷、有价证券等专用印刷。

综上所述，本书介绍的印刷品跟单不能在此详尽叙述每一种印刷案例，仅针对单张纸的平版胶印跟单作一个有典型且具有代表意义的分类描述。其主要按印件类别分为书刊类、广告类、包装盒类、不干胶标签类和地图类做一些跟单实例的说明。

4. 成品尺寸

这个尺寸一定是外观尺寸，如果这本书是一般的书刊，很好理解外观的长×宽×厚，一目了然，而精装书以及有护封的或外加包装盒的书，就必须加以说明，是裸书尺寸还是书壳尺寸，通常精装书的裸书尺寸应相对于书壳尺寸的三面切口处内进3～5mm（见图1－2）。因此，要有清楚的说明。如果是包装盒或箱，还要注明外径尺寸与内径尺寸。外径尺寸往往是外观成品尺寸，而内径尺寸是能否容纳物件的重要信息，两者缺一不可。

图1－2　精装书的书芯与书壳

5. 成品开度

如果是书刊，一般指装订成册后的开度。如果是广告，由于有的是单张，有的是折页，并且折页形式多样，因此通常以单件展开尺寸计算开度。如果是包装盒，则以单个包装的展开尺寸计算开度。

6. 原稿

（1）彩色照片（也称反射原稿）根据照片质量的优劣，在印前可做一个相应的调整。当然这个调整的幅度有限，特别是外伤、折痕等缺陷根本无法弥补。照片的清晰度还影响图片的放大倍率，如果照片清晰度较差，不能放大只能缩小。如果清晰度一般，也只能放大1倍以内。如果清晰度较高，通常也不应超过5倍的放大倍率。

（2）透射原稿（也称底片），其中又分为正片与负片，正片又称为反转片，负片在电分工作中是无法进行滚筒扫描或平台扫描的，只有通过冲洗成照片后才能进行有效扫描，因此该过程的时间要考虑进去。

（3）透射原稿中的正片。该原稿是分辨率及信息最为丰富的图片稿件，可通过扫描仪进行相应扫描。因此要注意看片时不能用手指直接触碰图文部分，看完后用纸包好，其放大倍率一般较大，其倍率最好视印品的观赏距离而定，倍率太大易出现马赛克现象。

（4）胶片。现在有许多客户是将已印前制作完毕的胶片交给印刷厂印刷及印后加工。这时要注意的几个问题是：

①成品裁剪线内的主要文字与主要画面，是否留够了安全距离5mm（见图1－3），如果不够，应对客户说明，有可能在印后加工中会有部分裁剪出去，客户能否接受？如果不能接受，则尽量在出血位的3mm处想办法借位，实在借不了位，只有重新制版。

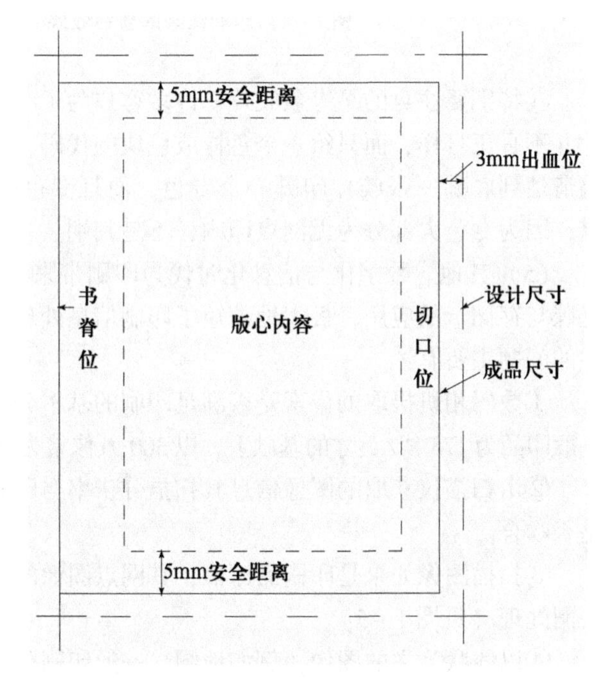

图1－3　印刷常用规格尺寸

②当文字与线条类的笔画处于多色、漏空、反白或多色套合时，其笔画的细度，能否避免印刷机本身的套印允许误差。例如，当笔画最细为0.1mm时，印机套印允许误差为0.1mm意味着两色套印的两个颜色不能叠印，而只能并列，见图1－4（b），失去套色效果；如果为三色套印，则更加无法达到套印效果。如果印刷套印允许误差只有0.05mm，则两色套印的可能是可叠印一半见图1－4（a），还存在一些套色的效果。因此，仔细检查胶片有无此类现象，以免在与客户交接时，因为印刷质量标准的不统一，而产生一些不愉快。

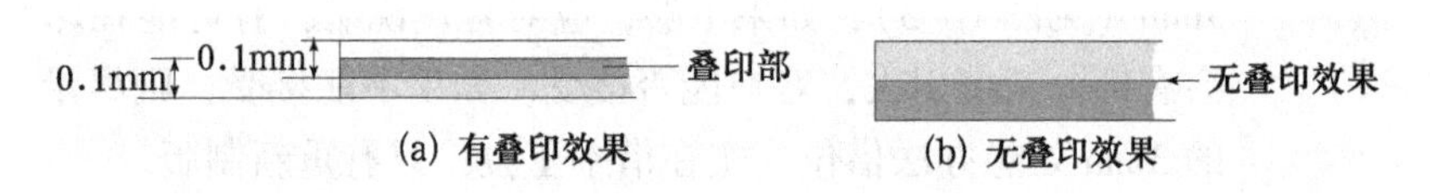

图1－4　印刷线条的叠色效果

③特别要注意的是专色胶片。许多客户为了节省打样费，专色胶片并不真正打样，而只给一个色样或色块的代码，因此，印刷时必须搞清楚到底哪一张胶片印哪一个专色，而且专色的色序千万不能搞错，因为专色大部分为无网点印刷，不易判别。

（5）其他。数字化与信息化时代为印刷带来了前所未有的便捷，光碟与存储卡的应用，极大地缩短了印刷信息处理的工作量。此时关注的问题主要有：

①数码相机摄取的像素是否满足印刷的基本分辨率要求，通常在一般印品为175线/英寸的基础上，以300万像素为基点，可基本满足。

②由扫描仪获取的图像信息其扫描分辨率与印刷品要求的分辨率是否吻合。

③扫描图像如果是印刷品原稿，其网点图像的状态，有没有进行去网处理（见图1－5）。

④以线状为主的图像，例如地图，一般印刷公司没有相应软件进行计算机处理，而只是进行图片原稿的扫描，由于扫描的效果将原稿的某色会自动生成四色，因此使得线状物的印刷变成了多色套印，可

想而知这是一件多么糟糕的印刷产品。因此对于此类稿件，以客户的接受程度为限，如不能接受，应将这部分原稿交由专业地理信息部门制作，然后将其数据文件进行组版镶嵌即可。

（a）去网印刷品

（b）未去网印刷品

图1－5 印刷品去网与未去网比较

二、印刷要求

印刷工艺的设置，在施工单的项目栏下面，“印刷色序”栏是较为重要的部分。用哪类印刷材料，用什么油墨，用什么纸张规格可以最大限度地控制成本？如何拼版可以减少版次，节约上机费用？用哪台机印刷可以达到最佳印刷效果？

“印刷色序”不同，印刷适性调节也不同，跟单有时候就像一个流动的质检人员，既要检查纸张正确使用与否，还要检查印刷色相是否与客户要求吻合。

从书刊印刷角度来讲，一本书通常分为封面、封底、内页、护封、插页印刷，这主要是因为这几个项目常常是不同材质纸张、不同厚薄（克重）纸张，因此不可能拼在一个版面印刷，其厚薄（克重）的运用基本上遵循的是：护衬≥封面≥插页≥内页。下面根据项目内容的注意事项进行逐一分析。

1. 纸张名称

由于不同厂家生产的纸质有不少差异，通常在施工单中最好注明纸张“品牌”，例如，金东铜版纸、日本白卡，外加注明其质量等级，例如A级、B级、C级。

2. 纸张规格

一般有正度787mm×1092mm，大度889mm×1194mm、850mm×1168mm、880mm×1230mm。有相当一部分的特种纸，规格不定，克重也没有规律。不干胶纸也有不少的特殊规格，根据各自企业的用纸习惯，要求跟单员详细了解。

3. 用纸数量

用纸数量应涵盖三部分内容：

成品用纸数量+印刷损耗数量+印后加工的损耗数量

通常其基本损耗数量以每套印版为单位计算，即如果单色印刷，则以每版加放损耗的计算是以一个流程为基本点。

印后加工有可能发生的损耗不是一张简单白纸的印后加工，它是在完成印刷内容的基础上进行的加工程序。所以，注意印刷的用纸量尽量足，宁可多点，也不要少到最后无法交货再补印的地步，这是一件很不合算的补救工作。因为胶印机不是打印机，可以随时点击鼠标就可完成。

4. 印刷色数

平版胶印机有许多种类，其中一种分类方法就是按一次性印刷的色数分：单色机、双色机、四色机、五色机、六色机、七色机、八色机等。对印刷品而言，其印刷色数，最好是一个流程全部完成，可以减少两次或多次输纸造成的套印误差的放大。因此选择相应色数的印机就是基本要求。尽量避免一组套色印刷由多次上机印刷完成。例如，五色套印的产品，由四色机完成四色印刷，再由单色机完成最后一色，一般情况下很难统一。因为，不同机型许多技术参数不同。

5. 拼版方式

拼版的原则，首先是同类、同厚度的纸张印刷尽量安排一套版完成。所谓一套版，可以是上机规格的全张面积版，也可以是对开面积版，还可以是四开面积版。总之，应在尽最大规格、不浪费版面（纸张）的前提下，合理安排拼版方式。其次是纸张的正反面印刷，在节约版次的基础上，尽量使用自翻版的拼版方式甚至可以采纳反叼口方式拼版。最后为保证书刊的不错页面，跟单员应掌握折页规律及折手页的制作方法。

自翻版是上机印刷时印刷版面不变，叼位不变，当印完一面后，纸张左右对翻，然后再印反面的一种方法（见图1－6）。采用此方法，印刷较为简单。

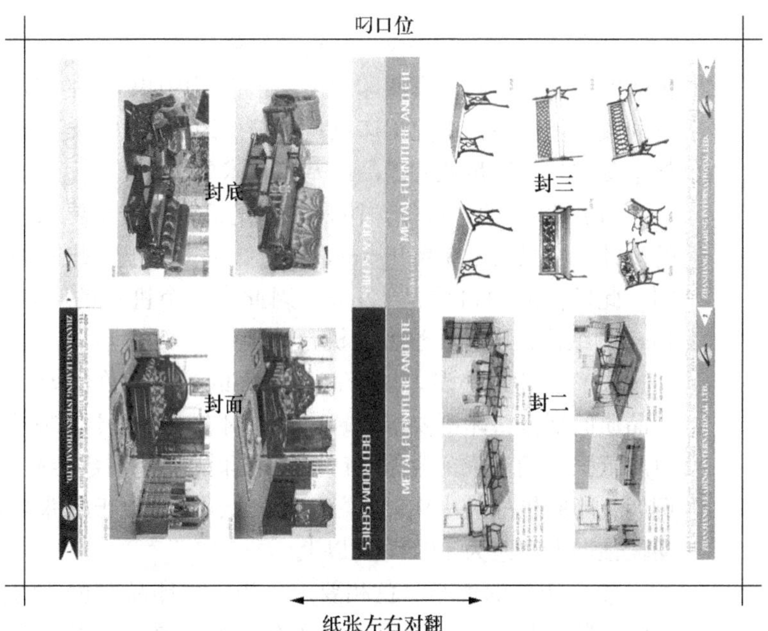

图1－6 自翻版

反叼口是上机印刷完一面后，纸张上下翻转对调，印纸叼口位改为拖梢位，再印另一面的方法。一般此方法有一定的技术难度，在拼版时要特别注意印纸的上、下两头都要留够叼口尺寸。

6. 印刷版数

印刷版数是计算工作量的最基本内容，也是成本核算的基础单位。因为装版与卸版有一整套的洗墨、上墨、调墨的工作流程，其工作量不少，而真正开机印刷往往印1000张与印5000张的工作量相差不大。当一件印品由多套印版完成时，这个时间概念，跟单员应了如指掌，包括每套版的印刷时间，印完后的干燥时间。一般干燥时间，首先由纸张的吸收性决定，纸张平滑度越高，吸收性就越小，特别是玻璃卡纸或镀膜类卡纸（例如金、银卡纸等），干燥时间较长，通常都在4小时以上。

7. 上机尺寸与印刷机台

许多印刷企业不是仅有一台印刷机，往往有多台不同规格、不同色数的印刷机，甚至有些印刷厂，由于厂内印刷机的工作排满，为赶时间或其他原因，由兄弟印刷厂代劳。因此跟单员要清楚不同机台的技术参数是否满足此件印品的基本技术要求。

（1）PS版的叼口位预留是否满足机台的技术要求。例如，印件的设计尺寸只给纸张留出8mm的叼口位，由于特殊原因改变机台印刷，此机台的叼口位是12mm，因此，这个机台的叼口位因多出了4mm的纸位，印件无法上此机台印刷。

（2）套印最小误差能否满足印件的最小允许误差。特别是一些高品质的纸张，印刷要求也越高，针对金卡、银卡、玻璃卡类的高平滑度纸张，相对于一般印刷产品，套印的误差系数会放大1倍以上。例如，印刷机的最小误差是±0.05mm，此时由于纸张相对厚重，滑动惯性增大误差为±0.1mm以上。

（3）印件的色彩、色相要求。当一件印品对色差的要求非常严格时，除选择合适的油墨外，还有一个重要的因素，就是润版液对油墨的影响，由于水型润版液对网点增大的影响较大，采用电脑酒精型润版液可有效控制油墨张力，对网点增大进行有效控制，使色彩饱和度不会因水的运用而受到影响。达到色彩接近样稿的目的。

8. 印刷色序

影响印刷色序的因素很多，一般来说首先应满足色相要求，即以打样稿的色相为基准，其次是考虑油墨黏性及干燥性要求，以满足印刷工艺适性要求，两者缺一不可。

三、印后加工要求

1. 面纸加工

面纸加工并不一定就是书刊的封面和封底，它还包括包装箱的面纸、包装盒的面纸，还经常在期刊或者有些书籍中穿插部分彩色折页。由于与封面、封底的纸质、厚度一致而归到面纸加工一类。因为这类印件均有可能需要进行一些印后的装饰性加工，特别是对纸张表面所要进行的上光以及加色，还有形成立体效果的一类加工。所以印后的跟单比较烦琐，特别是需要局部印后加工的烫金、压凸、过 UV 油、印水晶油等，还要关注制版的质量与把握时间。

一般烫金版的笔画注意不要太细，当小于 0.1mm（含 0.1mm）烫金膜则极易断裂，很难达到美观效果。制作这些烫金或压凸版，目前还基本使用化学腐蚀方法，制版时间较长，一般要半天至一天时间，所以当印件在印刷时，印后加工的版材也应该在同时制作完毕，以便在印件下机后能及时地进行印后加工。

模切的规格一般不是以单个印件作为基本规格，而是以上机的机台规格为基础，如果上机印刷规格是全开或对开这类较大规格的纸张，为了使模切版的刀位尽量能在一个水平线上（见图 1－7），在允许分版的情况下可以在印后分切成对开或四开，以减少模切版刀位调试工作量，既节约了时间，又提高了模切的正品率。

2. 内页加工

（1）折页。折页的方法很多，有手工折、机器折。机折的自动化、机械化程度很高，已越来越少使用手工折页，只有一些精致而少量的印品，还有可能使用手工方法。但无论手折还是机折，在印刷拼版之前，对折页的方式已经有了一个确定，即依据折手样纸的

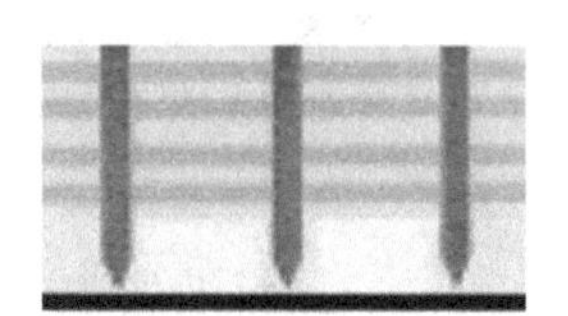

图 1－7　模切版规格与刀位关系

折页顺序折页。这里有一个问题是需要注意的：由于双面铜版纸的表面涂料脆性较大，特别是 157g/m² 以上的双铜纸，手工折页费时、费力，机折又容易爆裂。如果是白底图案正好在书脊位爆裂会看不出来；如果是底色为深色的印刷，折位的爆裂、破损，客户很难接受。因此，当机折双铜纸时，不要选择超过 157g/m² 以上（含 157g/m²）的双铜纸，超过后则要改为模切版压痕折页，这样就可以避免折页机折页的爆裂问题。也可以增加过光油或过塑的方法，帮助纸张提高耐折度。

200g/m² 以上的封面用纸，为了书脊位立挺、美观，都应采纳模切压痕的方法。无论是精装或简装都不能省了此道工序（见图 1－8）。

书刊折页以折样（手）为单位，一手代表一张对开上机印刷纸张的正、反两面（见图 1－9），因此，也有“印张”之说。每一手将页码的顺序排列以及折页方式作为范本或称作小样。跟单员以折手为样本进行抽检。

（2）锁线。一般为锁线机锁线，要注意松紧度的把握；手工锁线如今一般仅有古装书采用。锁线类书，一般属精装，锁线质量的好

图 1－8　150g/m^2 以上涂料纸痕位压线版

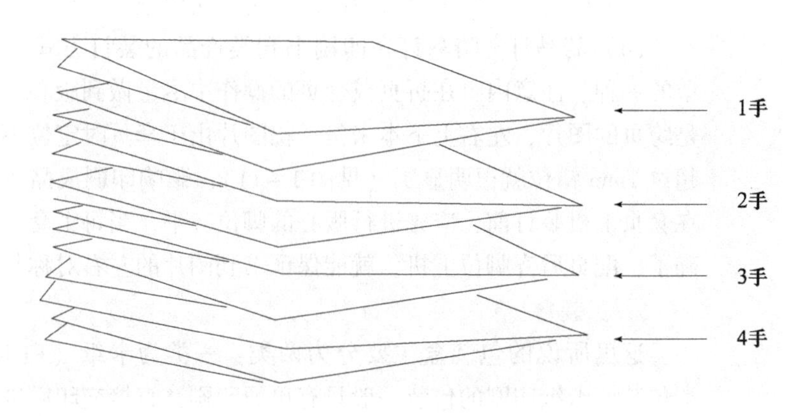

图 1－9　书刊折手叠样

坏，对书籍的保存影响较大，如果书芯锁线松松垮垮很容易产生书壳与书芯脱离现象，影响书籍的使用寿命。

（3）胶装。胶装也称平装或胶订。从这些名称中，突出了这种装订方式的两个特点：①脊位平整、立面好；②书本的合页部是由胶质材料将内页黏合而成。由于这种装订方式美观大方，全自动胶装机简便易操作，使得胶装大受欢迎。但经常会遇到的问题是：书脊位必须齐整，方可上机进行铣背操作。铣背的深度，应以铣到折手页的最内一张深达1mm为界（见图1-10），否则在上胶的过程中，当胶位无法达到黏合部位即影响页面的结合力度，从而产生掉页。所以铣背深度值是一个重要的技术参数，一般由折手页的折页次数决定。折页次数越多，铣背深度越大。

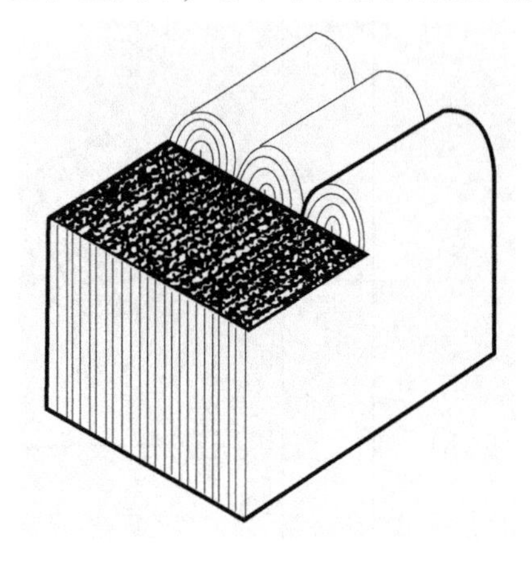

图1-10　铣背深度示意图

（4）骑马订。骑马订在印刷书刊类产品的装订方式中，是最简单的一种。注意内页在折页或套页的操作中尽量做到版心位齐。特别是跨页的图片，左右上下本来是一幅图片由于套页时定位不准，误差超过1mm错位就很明显了（见图1-11），影响印刷成品质量，所以在套页上机装订前，应先进行版心的脚位齐平，当每个套页都定位准确了，配页后齐脚位上机，就能保证书刊图片的左右对称与完整。

3. 包装盒/箱

这里所说的包装盒主要分为两类：一类为卡纸（白卡、白板）类包装。卡纸印刷的包装一般只有单面印刷，直接交印后进行模切加工粘盒成型；另一类为面纸印完后，还有内衬纸，并在中间加了一层灰纸板作为硬壳支撑的做工较为考究的硬盒工艺包装（见图1-12）。第一类包装盒较为简单，第二类包装盒的工艺却要复杂得多，针对第二类包装盒的注意事项做一些分析。

（1）灰纸板的模切加工。这里要注意的是，不管灰纸板要裁切

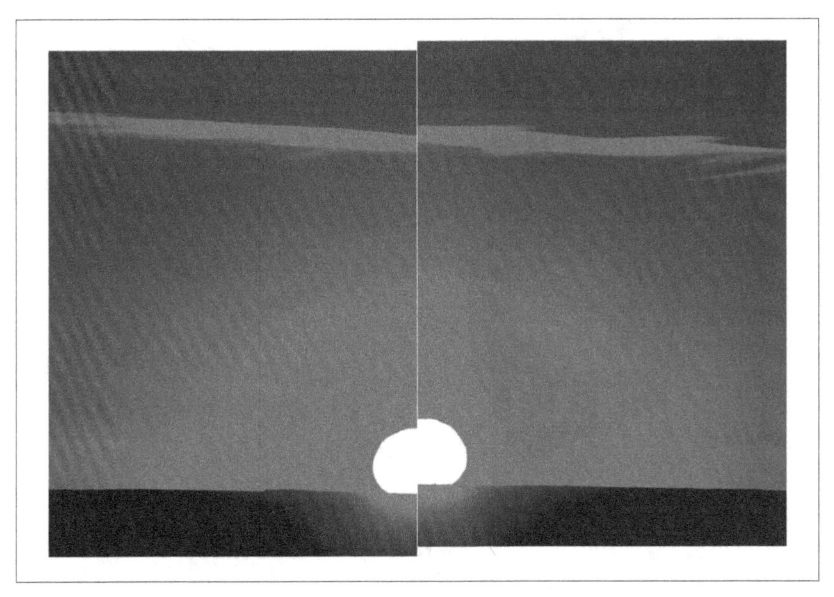

跨页图错位

图 1－11 跨页图错位示意

为方正的几何图形还是其他不规则图形，有些看似可以用裁纸机进行裁切，但是由于裁纸机的定位线与刀位线常常不能保证为垂直的 90°角，而使得切出的灰纸板做出的盒子不是矩形，而产生菱形或其他变形，所以模切的工作不能省略。原则上复杂一些的模切版尽量以小规格（4 开）模切版为好，其刀位调试较为准确。

（2）裱糊面积。纸箱的裱糊面积一般以纸箱的最大展开面积计算，如果纸箱的展开面积需要拼接，则以上机印刷规格为基本裱糊面积。例如一个纸箱面积是由两张大度对开纸印刷，然后两张对开纸分别进行裱糊，最后订合（或黏合）拼接成一个完整的纸箱，这时裱糊面积为：

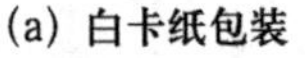
(a) 白卡纸包装

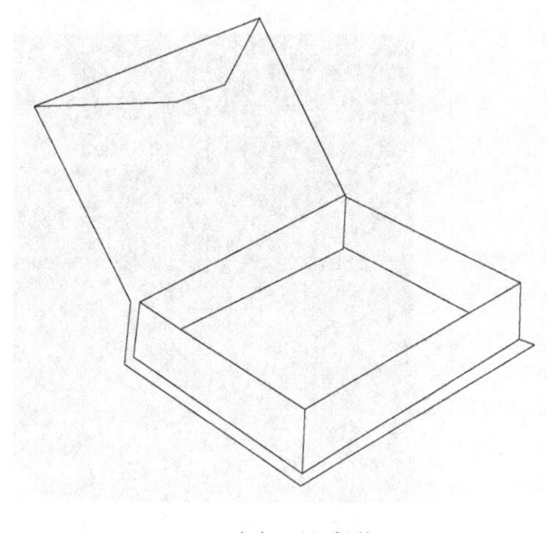
(b) 硬盒包装

图 1－12　纸质包装分类

对开裱糊面积 ×2

（3）订口位。当纸箱较大，不能用胶粘而采用金属钉订盒的方式，小盒一般两个订位即可。大盒根据包装物的承重，决定订位的多少，并且合理决定订位的距离。

（4）粘口位。不管是大盒还是小盒，都有相应的盒子成型的粘位，有的一处，有的两处不等。用什么胶来粘盒，根据不同承印物，选择胶料也不相同，如面纸进行了上光或过塑加工的印品，纸类与纸类、纸类与非纸类、非纸类与非纸类的表面所用的粘黏胶材有所区别（见表 1－1）。用错了胶黏剂，不但达不到黏结的目的，还破坏了印刷产品本身。即使有些暂时有所黏结，但使用寿命也极短。

表 1－1 裱糊粘胶选用技术指标

品 名	外 观/pH 值	黏度（25℃）	适用承印物
纸塑胶（1）	液态微黄/ 5～6	8000～10000	过塑（光或亚）纸、PE 纸、PP 纸
纸塑胶（2）	液态微黄/ 7～8	6000～8000	过塑（光或亚）纸、PE 纸、PP 纸，易清洗，可防冻
磨光胶	液态乳白/ 5～6	6000～8000	纸类、磨光纸、PVC 纸、木质品
工艺胶	液态乳白/ 4～6	5000～7000	纸类、PVC 纸、精装书脊、胶膜柔软
白乳胶 PVAC	液态乳白/ 4～6	6000～8000	纸类、木质品、皮革、箔纸
白乳胶 PVAC	液态（稠）乳白/ 4～6	6000～8000	纸类、木质品、精装书面纸及衬纸
礼盒胶	液态乳白/4.5～5	8000～10000	充皮纸、塑胶、纸类、木质品
礼盒胶 VAE	液态（稠）乳白/4.5～5	10000～20000	充皮纸、PVC 塑胶面、特殊形状物品植绒
明胶	固态微黄		礼盒、首饰盒、工艺品等局部定型制作
首饰盒胶	液态微黄/4～6	7000～9000	充皮纸、PU、仿皮纸等黏合塑料、木质等光滑表面
PVC 胶	液态乳白/ 5.5～7.5	5000～8000	PVC 黏合棉、无纺布、黏合板、纸类等
UV 胶	液态乳白	12000～18000	UV 面与纸、PVC 与纸的黏合
再湿胶	液态乳白	8000～12000	邮票、信封口标签等的黏贴
EVA 热溶胶	固态微黄		高速无线胶订生产线的封面胶装

四、其他内容

1. 包装方式

这是最后交付给客户的包装方式要求，一般可根据产品特性选择纸箱包装或一般纸类包装，还可由客户选择，特别是要进行长途运输的印品，更要注意包装方式的安全性选择。

2. 工单发送部门

施工单对一件印品来说，是一个工作指导书，与此有关的部门要相互配合共同完成。

（1）通常生产管理部门是制定整个工艺流程的中枢机构，包括各部门分段完成的时间、材料采购何时到位、印品的设计工作何时完成、何时开机印刷、印后加工部何时收件、何时出货、质检部在重要的时间段及时检测等。各部门应该参照的工艺标准、各工序工作量的计算，甚至有些需要发外加工的工作流程如何与本企业对接，都要做一个合理的安排。各部门在遇到有关质量与时间上的问题时，都要与生产管理部门沟通，以便及时处理而不影响整个工作流程。

（2）设计部分是最耗时的部分，尽管计算机软、硬件的发展极大地提高了印前工作效率，但目前印前工作人员素质的参差不齐，能够熟练操作的技术人员比例不高，使得广告公司及印刷企业的设计部难以充分利用计算机的软、硬件所提供的便捷方法进一步提高工作效率，因此，对设计部分的要求应尽量明晰。哪些是重要的且必须做到的操作，哪些是可以忽略的内容应很明确，如果样样东西都做到事无巨细，则有可能需要花费较长时间。

如今计算机拼大版软件的应用，节省了手工拼版的大部分时间，快捷、精准，消除了手工拼版的诸多弊端。但我们很多计算机操作员不懂拼版工艺技巧，因此，如果我们的生产管理部门或者工艺设计部门，将拼版草图交由计算机制作人员完成，或者给员工的培训机会多一点，让每一个操作员熟练掌握操作技能，也会极大地提高制作的工作进度。拼版工作是印刷版面内容确定的基础，又是印后模切加工的主要内容，还是印刷品印前加工工序基本完成后，转交至下工序加工的重要环节。

3. 印刷部门

印刷部门应当了解到印件安排的上机时间并做相应的准备工作：纸的调整、油墨的调节、由谁印刷跟色（即由谁说了算）。印刷机的许多工作是环环相扣的，纸没有到位或调湿时间不够，都有可能影响正常的工作安排。印刷跟色工作，有时跟单员说了不算，无论是客户还是生产管理者，具体由谁签样开印，都要在开机前明确。

4. 印后加工部门

印后加工是最繁杂也最容易出一些小问题的地方，其繁杂程度视印后加工的程序多少而定。如果是骑马订书刊，只有折页、配页、上机订简单三步解决问题，但胶装的工序就要复杂一点，而精装书却要复杂得多，复杂的内容又分为封面印后加工和内页加工，以及上封面的最后工作，跟单就要求每一个关键步骤都要小心看护，一旦发现异样，就应及时与有关负责人取得联系，以商讨解决问题的方法。因此，对跟单员的沟通能力有相应要求，出现问题不可一味指责，把问题的责任推来推去，重要的是分析问题，发现问题产生的原因，提出预防不再发生同类问题的措施，以便尽快解决。

5. 仓库

仓库一般承担两类功能：首先是存储承印材料，例如纸、油墨、印机辅料及配件等；其次就是印刷品的成品存储。客户到仓库去提货，完成最后的交接手续，如果没有特殊情况，一般跟单到此处与客户交接完毕已经算是基本完成了跟单流程。客户的反馈意见，跟单员还应及时记录，并在合适的时间反馈到生产部门，以便企业进一步改进相关工作程序。

6. 质检部门

质检部门是跟单员最好的工作指导师，在跟单员还不掌握工艺检测标准的情况下，多与质检员探讨质量标准，对工作的提高很有益处。跟单员在跟单过程中一是把握时间概念，二是把握质量概念。其实有点类似于生产管理者的监控摄像头，对生产的每一步骤，有一个清晰的认识，但摄像头对于工作细节均无能为力，而跟单员却要灵活得多。

7. 采购部门

跟单员一般很少与采购人员以及财务人员有什么关系，跟单员只有在印刷物质直接影响到生产进度时，才向生产管理部门反馈与交流，跟单员不是拿着尚方宝剑的钦差大臣，决不能以管理者的姿态对生产一线的员工吆五喝六，即使发现有什么不对的地方，跟单员只有反馈的职责，没有指责的权力。

单元二

书刊类印刷品跟单实例

案例一　期刊杂志类跟单实例

案例二　以文字为主的胶装书跟单实例

案例三　以图像为主的胶装书跟单实例

案例四　图文并茂的精装书跟单实例

案例一　期刊杂志类跟单实例

一、案件说明

如图 2 – 1 所示，从印件的五大要素来进行阐述。

图 2 – 1　期刊杂志类案例

①成品规格　285mm × 210mm

②印刷材料　封面用纸 157g/m²，双铜纸，4P
　文字内页用纸 80g/m²，双胶纸，24P

③印刷数量　10000 本

④印刷色数　封面印刷（4 + 4）色
　文字内页（1 + 1）色

⑤印后加工　骑马装订

二、跟单工艺流程

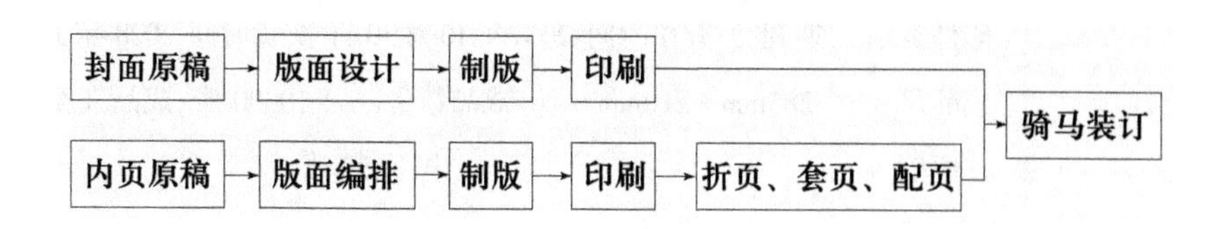

跟单注意事项

①封面、封底彩色部分的图片处理清晰度要求较高，一般应满足阅读者艺术鉴赏的要求。

②封面、封底的裁切，注意切线的倾斜角度，最好控制在±1mm以内，以免产生书籍的倾斜感。

③内页的墨色印刷应基本一致，而且墨色不应发灰，以墨色的反差度较大为好。

④书籍裁切成品时的切口无毛边现象。

⑤骑马订装订的订位尽量适中、齐整，不能有的偏上、有的偏下，以离上下边位1/4为好。

三、阅读施工单

此案例的印刷生产施工单如图2－2所示。

印刷生产施工单

<table>
<tr><td colspan="2">印件名称</td><td colspan="2">新姿期刊</td><td>客户名称</td><td colspan="3">新姿杂志社</td></tr>
<tr><td colspan="2">印件类别</td><td>期刊类</td><td>开单时间</td><td>2008 年 10 月 10 日</td><td>交货时间</td><td colspan="2">2008 年 10 月 20 日</td></tr>
<tr><td colspan="2">成品尺寸</td><td colspan="2">285mm×210mm</td><td>成品数量</td><td>10000 册</td><td>成品开度</td><td>大 16 开</td></tr>
<tr><td colspan="2">原稿</td><td colspan="6">图片 30 张</td></tr>
<tr><td colspan="2">项目</td><td colspan="2">封面、封底</td><td>内页</td><td colspan="2"></td><td>完成时间</td></tr>
<tr><td colspan="2">P 数</td><td colspan="2">4 P</td><td>24 P</td><td colspan="2"></td><td></td></tr>
<tr><td colspan="2">纸张名称（克重）</td><td colspan="2">157g/m² 双铜纸</td><td>80g/m² 双胶纸</td><td colspan="2"></td><td>×月×日</td></tr>
<tr><td colspan="2">用纸规格</td><td colspan="2">889mm×1194mm</td><td>889mm×1194mm</td><td colspan="2"></td><td>×月×日</td></tr>
<tr><td colspan="2">用纸数量</td><td colspan="2">625+50=675（张）</td><td>3750×75=3825（张）</td><td colspan="2"></td><td>×月×日</td></tr>
<tr><td colspan="2">印刷色数</td><td colspan="2">4+4</td><td>1+1</td><td colspan="2"></td><td>×月×日</td></tr>
<tr><td colspan="2">拼版方式</td><td colspan="2">4 开拼自翻版</td><td>对开拼共 3 套版</td><td colspan="2"></td><td>×月×日</td></tr>
<tr><td colspan="2">印刷版数</td><td colspan="2">4 开×4 块</td><td>对开×3 块</td><td colspan="2"></td><td>×月×日</td></tr>
<tr><td colspan="2">裁纸尺寸</td><td colspan="2">440mm×595mm</td><td>885mm×595mm</td><td colspan="2"></td><td>×月×日</td></tr>
<tr><td colspan="2">印刷机台</td><td colspan="2">1 号机</td><td>2 号机</td><td colspan="2"></td><td>×月×日</td></tr>
<tr><td colspan="2">印刷色序</td><td colspan="2">正常</td><td>正常</td><td colspan="2"></td><td>×月×日</td></tr>
<tr><td rowspan="3">印后加工</td><td>面纸加工</td><td colspan="4">□单面过光胶　□模切规格　mm×　mm</td><td colspan="2">完成时间　10 月 18 日</td></tr>
<tr><td>内页加工</td><td colspan="5">□ 3 个折手页、配页、骑马订上封面 1 + 3 = 4 手</td><td>完成时间
10 月 18 日</td></tr>
<tr><td>其他说明</td><td colspan="6">无勒口</td></tr>
<tr><td colspan="2">包装方式</td><td colspan="6">纸箱包装</td></tr>
<tr><td colspan="2">工单发送部门</td><td colspan="6">□生产管理部　□设计部　□印刷部　□印后加工部
□质检部　□仓库　□采购部</td></tr>
<tr><td colspan="3">跟单员</td><td colspan="2">负责人</td><td colspan="3">备注</td></tr>
<tr><td colspan="3">业务员</td><td colspan="2">负责人</td><td colspan="3">备注</td></tr>
<tr><td colspan="3">制单员</td><td colspan="2">负责人</td><td colspan="3">备注</td></tr>
</table>

图 2-2　案例一的印刷生产施工单

四、拼版图

1. 封面拼版图

封面拼版图如图 2－3 所示。

图 2－3 期刊封面拼版图示意

2. 内页拼版图

内页拼版图如图 2－4 所示。

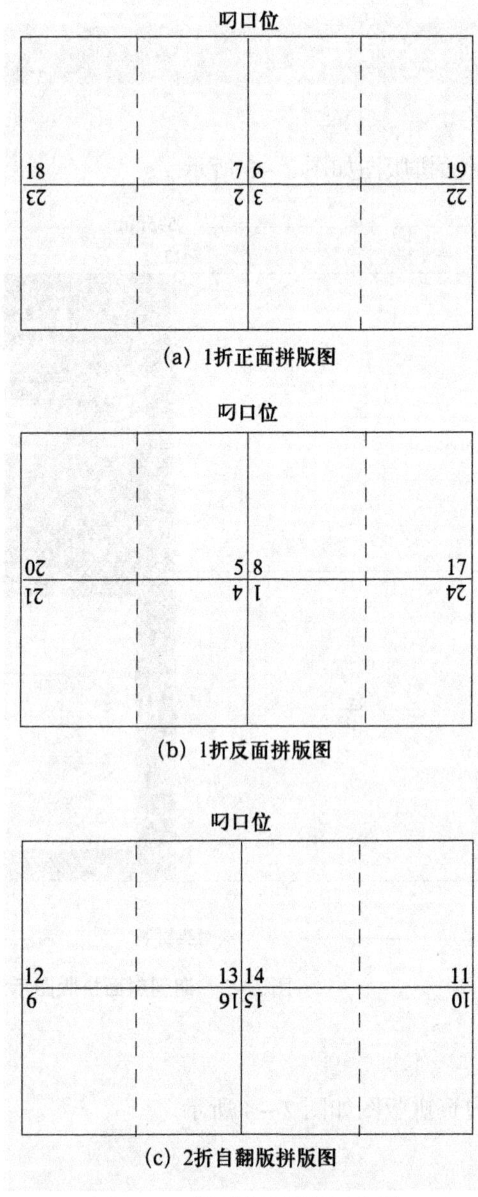

(a) 1折正面拼版图

(b) 1折反面拼版图

(c) 2折自翻版拼版图

图 2－4　期刊内页拼版示意图

五、成本核算

1. 版面设计制作费（见表 6－1）

①封面：4P×150 元/P =600 元

②内页：24P×100 元/P =2400 元

600 元 +2400 元 =3000 元

小计 3000 元

2. 印刷制版费（见表 6－2、表 6－3、表 6－4 印刷计价及图 2－2印刷生产施工单）

①封面印刷：600 元

②内页制版费：100 元/块×3 块印版 =300 元

内页印刷费：250 元/套×3 套印版 =750 元

600 元 +300 元 +750 元 =1650 元

小计 1650 元

3. 纸张费

①封面用纸：10000 本 ÷8 开 +50 张损耗 =1250 张 +50 张损耗 =1300 张

以 7800 元/吨计

7800 元/吨 ×157g/m^2 ÷942093（大度纸系数）=1. 3 元/张

1. 3 元/张 ×1300 张 =1690 元

②内页用纸：24P÷32P =0. 75 张/本

10000 本 ×0. 75 张/本 =7500 张

7500 张 + 损耗（3 套印版 ×50 张）=7500 张 +150 张 =7650 张

以 5600 元/吨计

5600 元/吨 ×80g/m^2 ÷942093（大度纸系数）=0. 48 元/张

0. 48 元/张 ×7650 张 =3672 元

1690 元 +3672 元 =5362 元

小计 5362 元

4. 骑马订费（见表 6－9）

折页→骑订内页 3 帖 + 封面 1 帖 =4 帖套帖

4 帖/本 ×0. 03 元 =0. 12 元/本

10000 本 ×0. 12 元/本 =1200 元

小计 1200 元

5. 成本价格总计

3000 元 +1650 元 +5362 元 +1200 元 =11212 元

11212 元 ÷10000 本 =1. 12 元/本

成本价格为每本 1. 12 元。

案例二 以文字为主的胶装书跟单实例

一、案例说明

以文字为主的胶装书如图 2－5 所示，从印件的五大要素来进行阐述。

图 2－5 广东科协论坛报告选

①成品规格 206mm × 142mm，封面、封底各有前后勒口 45mm

②印刷材料 封面用纸 200g/m²，双铜纸，2P

彩色插页用纸 157g/m²，双铜纸，24P

文字内页用纸 80g/m²，双胶纸，280P

③印刷数量 2000 本

④印刷色数 封面印刷（4＋0）色

彩色插页（4＋4）色

文字内页（1＋1）色

⑤印后加工 封面、封底单面过光胶，装订方式为无线胶装

二、跟单工艺流程

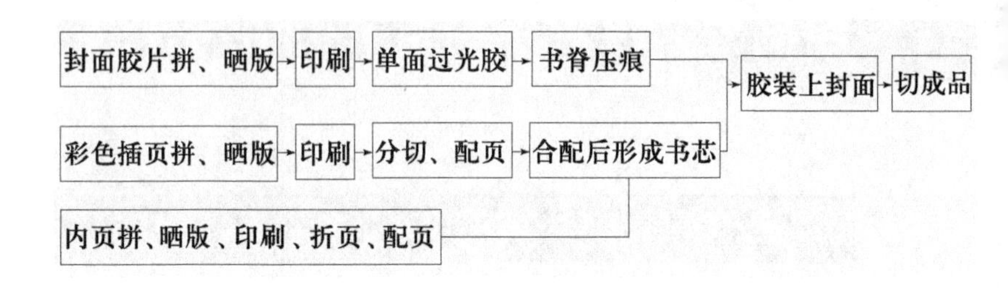

三、阅读施工单

案例二的印刷生产施工单如图 2－6 所示。

1. 第一部分客户要求

由施工单的第一部分，了解到客户的印前工作已由设计公司设置版面并出胶片，而且交付彩色打样稿。书刊没有特殊要求，按一般印品质量校准印刷即可。印刷周期 × 天，书籍的成品规格为大度 32 开。

2. 第二部分印刷工作要求

合同一经签订，采购工作就应展开，一般不会在施工单派发完毕后才开展采购工作。例如，确定了封面用纸为 200g/m^2 金东双铜纸，没有金东品牌的纸张可以用其他品牌代替。这里有一个用纸原则，当确定了一种品牌的纸张后，如果一旦此品牌纸张缺货或其他原因，另行代替的纸张只能好于此种纸张，决不能用差一类的纸张。衡量纸张等级高低，不能忽略的一项是纸张的白度，一般情况白度越高越好；另一项是纸张的平滑度，即纸张越平滑越好；其他如亮度（光泽度）、耐折度等则属印刷品的特殊要求。例如，亚光粉纸，没有亮度，针对以阅读为主的印品，可以有效地保护眼睛，以防视觉疲劳；耐折度是确定有折痕的位置用手折还是用机折的依据，甚至可以考虑采纳模切压痕的工艺方法。

印刷生产施工单

<table>
<tr><td colspan="2">印件名称</td><td colspan="2">广东科协论坛报告</td><td>客户名称</td><td colspan="5">广东科学技术协会</td></tr>
<tr><td colspan="2">印件类别</td><td>书刊类</td><td>开单时间</td><td>×年×月×日</td><td colspan="2">交货时间</td><td colspan="3">×年×月×日</td></tr>
<tr><td colspan="2">成品尺寸</td><td colspan="2">206mm×142mm</td><td>成品数量</td><td colspan="2">2000 本</td><td colspan="2">成品开度</td><td>大 32 开</td></tr>
<tr><td colspan="2">原稿</td><td colspan="8">自来封面胶片 4 开 1 套　插页 4 开版 3 套　内页 280P</td></tr>
<tr><td colspan="2">项目</td><td colspan="2">封面、封底</td><td colspan="2">内页</td><td colspan="2">插页</td><td colspan="2">完成时间</td></tr>
<tr><td colspan="2">P 数</td><td colspan="2">2P</td><td colspan="2">280P</td><td colspan="2">24P</td><td colspan="2">—</td></tr>
<tr><td colspan="2">纸张名称（克重）</td><td colspan="2">200g/m²
金东双铜纸</td><td colspan="2">80g/m²
双胶纸</td><td colspan="2">157g/m²
金东双铜纸</td><td colspan="2">×月×日</td></tr>
<tr><td colspan="2">纸张规格</td><td colspan="2">787mm×1092mm</td><td colspan="2">889mm×1194mm</td><td colspan="2">889mm×1194mm</td><td colspan="2">×月×日</td></tr>
<tr><td colspan="2">用纸数量</td><td colspan="2">250+40+40 张</td><td colspan="2">8750+（18×50）张</td><td colspan="2">750+50 张</td><td colspan="2">×月×日</td></tr>
<tr><td colspan="2">印刷色数</td><td colspan="2">4+0</td><td colspan="2">1+1</td><td colspan="2">4+4</td><td colspan="2">×月×日</td></tr>
<tr><td colspan="2">拼版方式</td><td colspan="2">4 开左右排版
复晒一套</td><td colspan="2">按折手页拼版</td><td colspan="2">按前后正反面
散拼各一套版，
自翻版一套</td><td colspan="2">×月×日</td></tr>
<tr><td colspan="2">印刷版数</td><td colspan="2">4 块 4 开版</td><td colspan="2">18 块对开版</td><td colspan="2">4 开×4 块
共 12 块</td><td colspan="2">×月×日</td></tr>
<tr><td colspan="2">裁纸尺寸</td><td colspan="2">390mm×540mm</td><td colspan="2">885mm×595mm</td><td colspan="2">440mm×595mm</td><td colspan="2">×月×日</td></tr>
<tr><td colspan="2">印刷机台</td><td colspan="2">1 号机</td><td colspan="2">2 号机</td><td colspan="2">1 号机</td><td colspan="2">×月×日</td></tr>
<tr><td colspan="2">印刷色序</td><td colspan="2">K，C，M，Y</td><td colspan="2">K+K</td><td colspan="2">K，C，M，Y</td><td colspan="2">×月×日</td></tr>
<tr><td rowspan="3">印后加工</td><td>面纸加工</td><td colspan="8">☑单面过光胶　☑模切规格　216mm×391mm
彩色插页加工　分切、配页共 12 个单张　完成时间　×月×日</td></tr>
<tr><td>内页加工</td><td colspan="8">☑18 个折手页、配页及插页、胶装上封面 18+12+1=32 手　☑胶装
完成时间　×月×日</td></tr>
<tr><td>其他说明</td><td colspan="8">有勒口的书，注意书的切口顺序，先切书芯的切口位，上封面后裁切上下两刀位</td></tr>
<tr><td colspan="2">包装方式</td><td colspan="8">纸箱包装</td></tr>
<tr><td colspan="2">工单发送部门</td><td colspan="8">☐生产管理部　☐设计部　☐印刷部　☐印后加工部
☐质检部　☐仓库　☐采购部</td></tr>
<tr><td colspan="4">跟单员</td><td colspan="2">负责人</td><td colspan="4">备注</td></tr>
<tr><td colspan="4">业务员</td><td colspan="2">负责人</td><td colspan="4">备注</td></tr>
<tr><td colspan="4">制单员</td><td colspan="2">负责人</td><td colspan="4">备注</td></tr>
</table>

图 2-6　案例二的印刷生产施工单

（1）用纸数量。

①第一栏，封面、封底的用纸量。250张为印刷基本用量，40张全开（实际为160张四开）为印刷调机正常损耗量，再加上印后加工过塑、模切压痕脊位线以及胶装上封面时的损耗，因此，总用纸量应为330张。如果印后加工还有其他内容，则依加工程序越多，印刷预留的纸张损耗也相应增多。

②第二栏，书内页。对开拼18块版，上2号机印刷，以每块版加对开规格100张计算上机调试用纸损耗，共900张全张，8750张全张为正常内页用纸，共计内页用纸9650张。

③第三栏，彩色折页。印好后，分切成散页，分别插入相关页码进行分页装订。因此，装订时，跟单的重点是不要插错页码。这时有关的装订样本应该在印后加工部作为参照，如果没有，在全部印完后送入印后加工部之前必须由业务主管根据要求，先装订一个样本作为校样，送客户审核签字。没有什么重大改变的话，客户签字方可大面积作业，否则一旦错页、张冠李戴，装订完后就无法再修正了。

（2）拼版方式。封面展开部分如图2-7所示。封面展开尺寸为：

长(后勒口45mm+底142mm+脊17mm+封142mm+前勒口45mm)×高206mm=总长391mm×高206mm

封面为四开拼版（见图2-8），插页为散页拼版，其拼版方式如图2-9所示。共两套版，一套为正反两面印刷，另一套为四开自翻版（见图2-10）。图2-11为内页拼版示意图共九套版，也称为共9手，1正代表第一套版的正面，1反代表第一套版的反面。

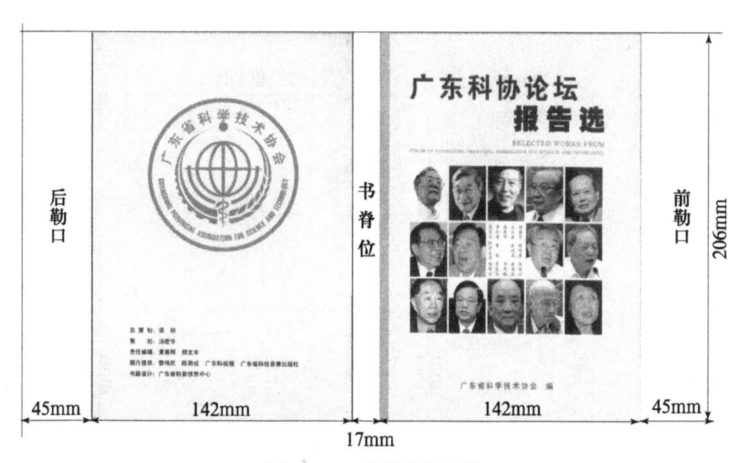

图 2－7 封面展开图

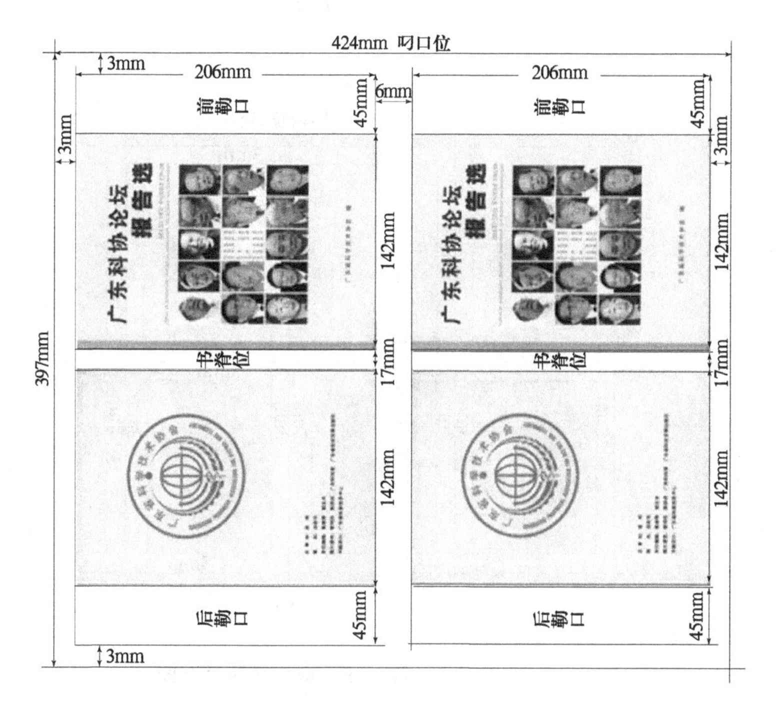

图 2－8 封面拼版图

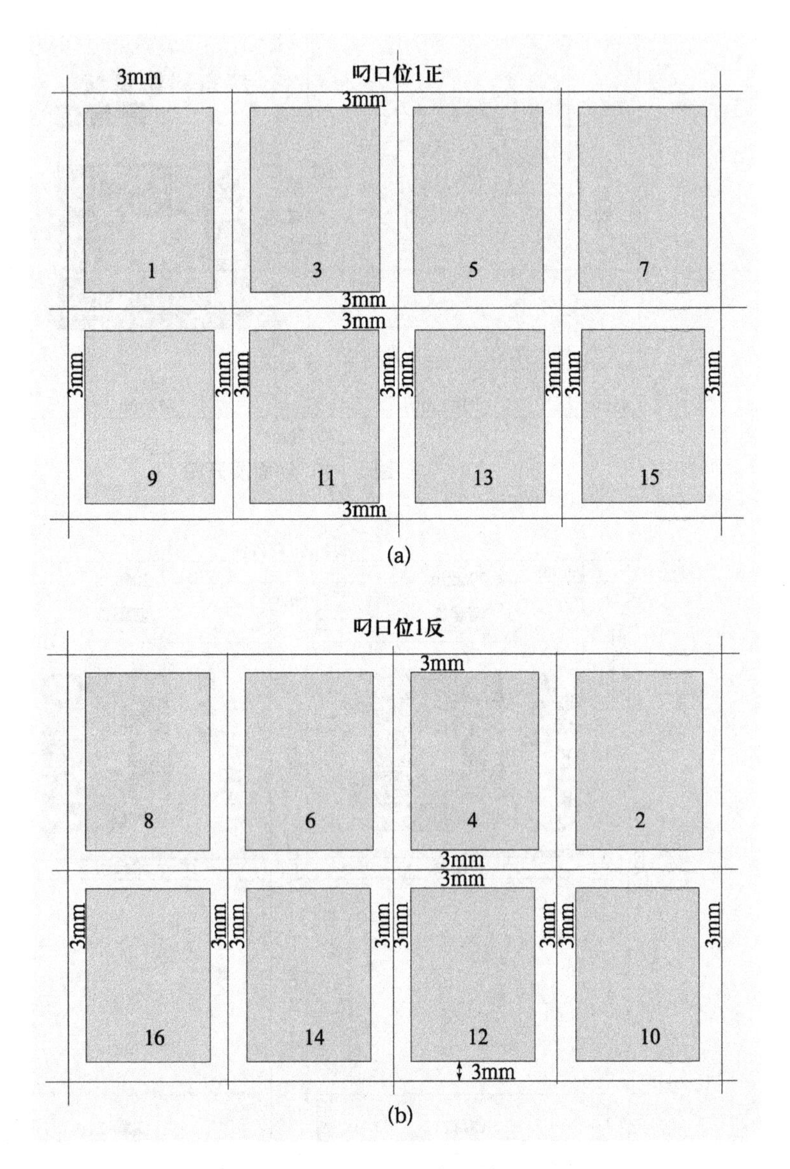

(a)

(b)

图 2－9　散页拼版示意图

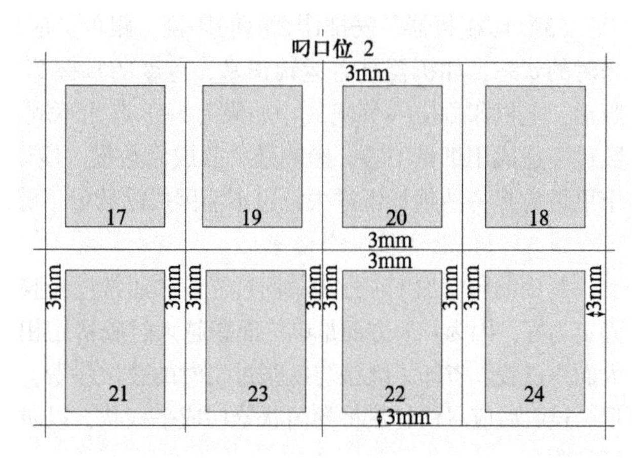

图 2－10　散页自翻版示意图

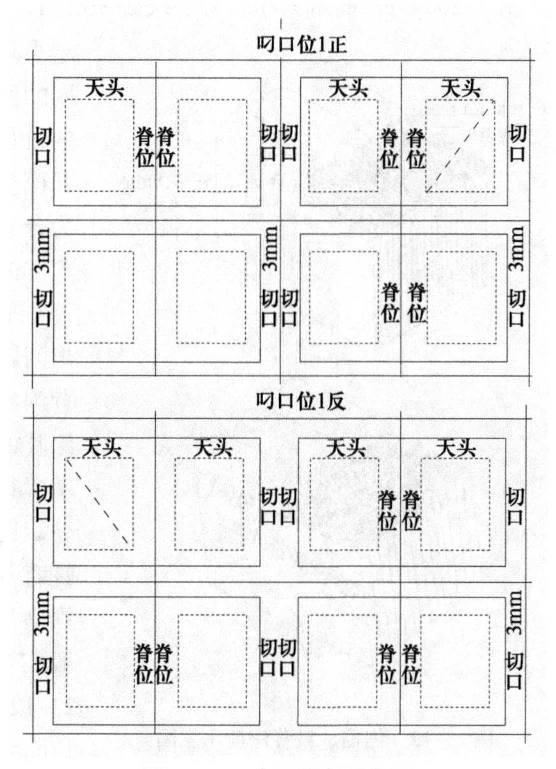

图 2－11　内页拼版示意图

（3）印刷机器。安排什么时间印刷，跟单员应到机台前掌握印刷当时的状态，如机器是否运转正常，色度的掌握等。通常像这样的短版活，上机印刷应一气呵成，如果有一丁点儿不顺，就很可能因损耗数过多造成用纸量不够，影响最后的成品数量。所以发现有什么不顺，宁可再放多一些损耗纸进去，也不能因成品数量不够而再印一次。

3. 第三部分印后加工要求

封面的印后加工项目为单面过光胶。通常过光胶以印刷尺寸的面积确定为好，因为：一方面是单位面积越大过胶费用相对越低；另一方面大面积过胶，省却了纸张与纸张过机时的叠位浪费，过胶面积越小越麻烦。过胶后应尽快趁热将卷筒状分切成平板状，以防过塑后受热而使面纸卷曲。

由于200g/m² 面纸太厚，脊位线必须模切，而模切版的制作则是越小越精确，所以4开印刷的面纸切分成两个单独的封面、封底，做一个8开模切版进行模切加工较为合适。

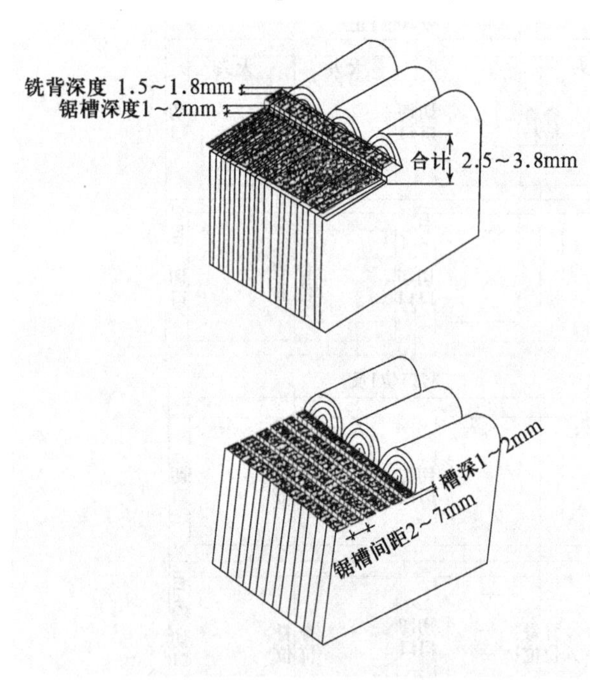

图2－12　锯槽、铣背深度示意图

内页加工的折页与配页一般少有差错，最容易出问题的地方是胶装的铣背深度的确定，还有脊位涂胶的平整度。这些因素掌握得好，书一定装得漂亮。锯槽深度为1～2mm，铣背深度为1.5～1.8mm，锯槽与铣背的深度之和一般在2.5～3.8mm（见图2－12）。由于这本书厚达17mm，在定位捆扎时很难做到齐平，再加上彩色折页有 12 处，很难达到彩页与双胶纸内页的齐整精度。因此，铣背深度相对要大些，以防散页脱胶。脊位的平整度好，上封后书本整齐漂亮，立面感强。如果书脊有点歪斜，则很容易看出来，会严重影响书籍美观。所以把握这两个关键点，跟单就没有什么大的问题。

四、成本核算

1. 版面设计制作费（参见表 6－1）

①封面：2P×100 元/p＝200 元

②插页：24P×70 元/p＝1680 元

③内页：280P×4 元/p＝1120 元

200 元＋1680 元＋1120 元＝3000 元

小计 3000 元

2. 印刷制版费（见表 6－2、表 6－3 和图 2－6 印刷施工单）

①封面印刷：600 元

②内页印刷：280P÷16P＝17.5 块　　18 块对开 PS 版

内页晒版印刷费　18 块×200 元/套版＝3600 元

③插页印刷：24P÷16P＝1.5 套≈对开 1 套＋4 开 1 套 对开 800 元＋四开 600 元＝1400 元

小计　600＋3600＋1400＝5600 元

3. 纸张费

①封面 200g 双铜纸，以 7800 元/吨计，封面正度 8 开纸。

2000 本÷8 开＋80 张损耗＝250 张＋80 张损耗＝330 张

7800 元/吨×200g/m^2÷1163597（正度系数）＝1.34 元/张

1.34 元/张×330 张＝442 元

②插页 157g/m^2 双铜纸，以 7800 元/吨计，插页 24P 大 32 开。

7800 元/吨×157g/m^2÷942093（系数）＝1.30 元/张

24P÷32 开÷2＝0.375 张/本

2000 本×0.375 张/本＝750 张

750 张 + 150 张损耗 = 900 张

900 张 × 1.30 元/张 = 1170 元

③内页 $80g/m^2$ 双胶纸，以 5600 元/吨计，内页 280P 大 32 开。

280P ÷ 32 开 ÷ 2 = 4.375 张/本

2000 本 × 4.375 张/本 = 8750 张

8750 张 + 50 张 × 18 块对开版（损耗）= 8750 张 + 900 张 = 9650 张

纸张单价：5600 元/吨 × $80g/m^2$ ÷ 942093（系数）= 0.4755 元/张

0.4755 元/张 × 9650 张 = 4589 元

小计　442 + 1170 + 4589 = 6201 元

4. 印后加工费

①封面过胶费（见表 6－5）：1000 张（4 开）× 0.18 元 = 180 元

②封面模切版费（见表 6－8）：50 元 + 100 元（模切费）= 150 元

③插页分切费、分插费（见表 6－9）：24P × 0.06 元/P = 1.44 元

1.44 元/本 × 2000 本 = 2880 元

④内页插页、叠配页、胶装上封面费（参见表 6－9）：

280P ÷ 32P（1 印张）= 8.75 印张（9 个折手）

9 手 × 0.05 元/手 = 0.45 元/本

0.45 元/本 × 2000 本 = 900 元

⑤封面有勒口的胶装费：0.05 元/帖 × 4 帖 × 2000 本 = 400 元

小计　180 元 + 150 元 + 2880 元 + 900 元 + 400 元 = 4510 元

5. 以上总计

3000 元 + 5600 元 + 6201 元 + 4510 元 = 19311（元）

每本单价为　19311 元 ÷ 2000 本 = 9.66 元/本

案例三　以图像为主的胶装书跟单实例

一、案例说明

如图 2－13《艺沣月饼集》画册所示，从印件的五大要素来进行阐述。

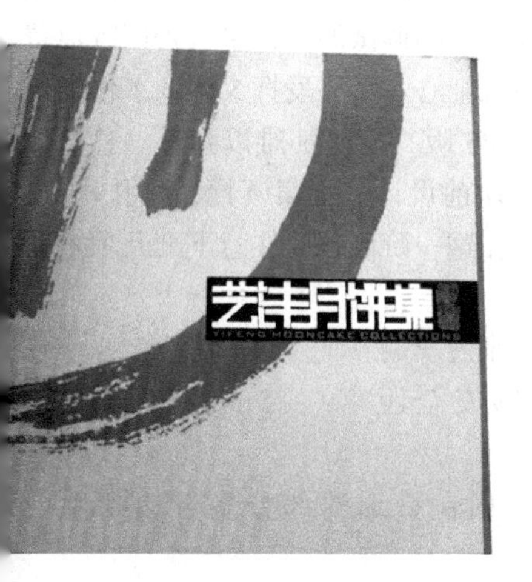

图 2－13　艺沣月饼集

①成品规格　280mm×280mm 正方形，大度 12 开

②印刷材料　封面、封底用珠光特种纸，300g/m^2，2P
内页用纸 210g/m^2，双铜纸，36P

③印刷数量　1000 本

④印刷色数　封面、封底印刷 4 专色＋0 色
彩色插页（4＋4）色

⑤印后加工　封面烫金面积 26mm×125mm，装订方式为锁线胶装

二、跟单工艺流程

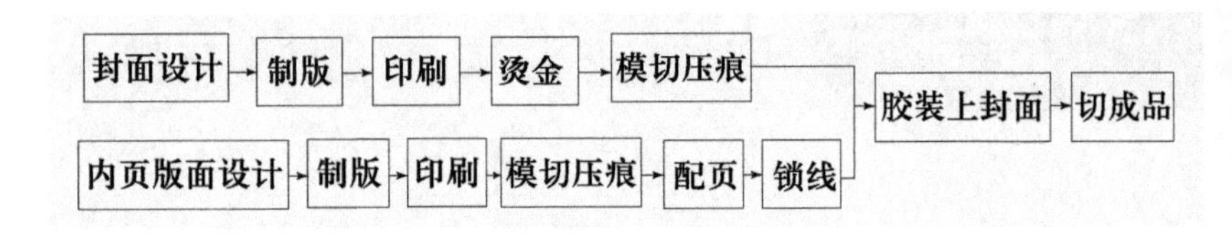

三、阅读施工单

案例三的印刷生产施工单如图 2－14 所示。

1. 第一部分客户要求

了解客户对高档画册的定位，了解客户对画册结构的艺术取向、对主色调的偏爱倾向，设计中多与客户交流，这些都可以避免由于艺术欣赏角度的不同，而增加的设计师电脑调试的工作量，否则既浪费时间更浪费精力。电脑设计是一件既细心，又要发挥灵感的工作，任何的缺失在出片（胶片）或出版（PS 版）后，都难以弥补。急急忙忙做的工作，很容易出错。因此，印前设计应不紧不慢，稳扎稳打，做好每一个细节，以防忙中出错。在这一阶段还要注意下列几项重要的工作内容。

①图片与文字说明的镶嵌不得张冠李戴。

②主画面与裁切线是否留够安全距离——5mm（见图 2－15）。

③当有字或线条需反白套印时，最细的部分是否达到反白效果。

因为正常人眼辨别的最小线宽只有 0.073mm，低于此宽度则无法分辨，一般细于 0.1mm 反白线就失去反白的意义。如果还要双色套印反白，则更加无法达到理想的反白效果（见图 2－16）。

印刷生产施工单

印件名称	××月饼集		客户名称	××公司		
印件类别	画册	开单时间	×月×日	交货时间	×月×日	
成品尺寸	280mm×280mm		成品数量	1000 本	成品开度	大 12 开
原稿	透射正片 48 张					
项目	封面、封底		内页			完成时间
P 数	2P		36P			
纸张名称(克重)	300g/m² 珠光特种纸		210g/m² 双面光铜纸			×月×日
纸张规格	889mm×1194mm		889mm×1194mm			×月×日
用纸数量	167+43 张		1500+6×50 张			×月×日
印刷色数	4 专+0		4+4			×月×日
拼版方式	大 6 开单拼		按折手页对开拼版			×月×日
印刷版数	4 块 4 开版		6×4=24 块对开版			×月×日
裁纸尺寸	297mm×595mm		885mm×595mm			×月×日
印刷机台	1 号机		2 号机			×月×日
印刷色序	专灰、专红、专金、专色咖啡		Y，M，C，K			×月×日
印后加工 面纸加工	☑模切压痕规格 297mm×595mm				完成时间	×月×日
印后加工 内页加工	☑3 个折手页，每一个折手中有三个套页 ☑套页模切压痕规格 297mm×595mm 套页后锁线 3 手 ☑胶装上封				完成时间	×月×日
包装方式	纸箱包装					
工单发送部门	☐生产管理部 ☐设计部 ☐印刷部 ☐印后加工部 ☐质检部 ☐仓库 ☐采购部					
跟单员		负责人		备注		
业务员		负责人		备注		
制单员		负责人		备注		

图 2－14 案例三的印刷生产施工单

图 2－15　安全距离示意图

图 2－16　反白效果示意图

④拼版是否已根据装订要求的折手页拼大版，一般套色要求较高的印品必须采用电脑拼大版出片或出版（PS 版）的工艺方法，可大大减少手工拼版作业的误差。

⑤封面设计制版，注意烫金位的确定，并且尽快制出烫金版，一般烫金位最细不要小于 0. 1mm，因为太细金膜易脱落，烫不到位。

2. 第二部分印刷要求

①高档印品的专色色相要求也较高，对色偏差的要求严格得近似苛刻，即色差应小于 ±5%。所以跟单时，尽量选择由客户跟色较为合适。

②本画册内页有不少地方采用了黑色作为大面积墨色衬底，印刷时注意墨斑（俗称“墨屎”）不能出现，哪怕是一丁点儿，否则极易出现瑕疵。这类墨色对承印材料的要求要特别注意纸张的等级差，通常 A 级（1 级）纸的表面色度、平滑度、白度较高且均匀度好，出现大面积实地墨色印刷时，控制掉粉与白斑的情况相对少些。印刷数量越少，越要求开机印刷一气呵成，如果因为墨屎的原因而需停机清洗印版，则跟色的难度自然加大。

③大面积实地墨色的印刷时，油墨的选择十分重要。由于纸张平滑度高而吸墨性差的影响，墨迹不易干燥，印刷中极易因为干燥过慢纸张稍有移动，墨迹立刻磨花或出现过底现象，特别是黑色墨是最难把握的墨色，黏度高、不易干，黑色要印出黑“亮”色，工艺适性操作不易把握。尽管在设计时使用了 K（黑）100% + C 40% 色彩技巧，印刷适性的操作也丝毫不能放松。因此印刷时，一是尽量选择快干油墨；二是降低印刷速度，使油墨有一个充分干燥的时间；三是润版液的合理选用，除了 pH 值的严格控制外，润版液中水的软化处理也是一个重要步骤，它使润版液的界面张力得到较好控制（见图 2－17），使印版界面油墨较少受到水的影响，从而减少网点增大；四是单面印刷完成后，必须干透后再印刷反面。双面均干燥完成，方可运输至印后车间进行下一道模切压痕工艺的操作。

3. 第三部分印后加工要求

由于封面用纸较厚，无论是脊位线还是折位线，均需采用模压工艺，才能达到书脊立面美观、易翻阅的特点。书脊的真正厚度是要求按实际用纸厚度，做一本样本来精确确定实际的画册厚度，而不能凭想象或大概的测量来确定，因为内页纸在折页后，加上锁线

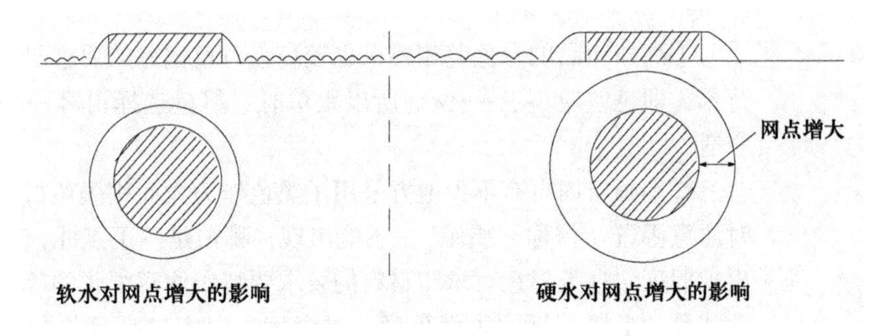

图 2-17　软水与硬水对网点的影响

的线位厚度与锁线的线粗所形成的厚度，对画册的脊位都有实际的影响，哪怕是相差 0.5mm 脊位都会因为不挺直而影响美观。因此，当样本确定了书脊的厚度后再制作模切压痕版，对后面的胶装上封就容易得多。

当内页用纸超过 200g/m² 后，折页机无法接受。因此，按三个对折页再套页的方法，每一折均以压痕模压工艺进行。压痕前每张套页先定准设计脚底线，即齐脚位预裁切。套页后脚位闯齐，三个套页均要统一，才不会出现内页有高低不平的现象，锁线时不松不紧，脊位上胶，再上封面。上胶方法见图 2-18，锁线书芯在胶订联动线包本机上，不必铣背而直接进行书脊涂胶，上封同时使用三面切书机裁切成品。注意避免溢胶（俗称“野胶”）影响书

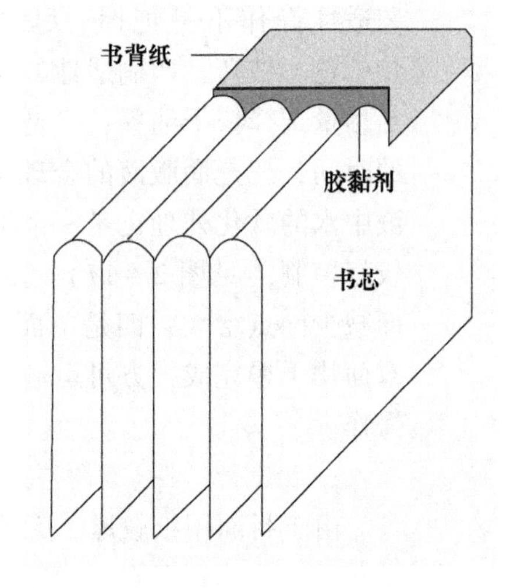

图 2-18　筒子页胶粘法

脊美观，防止出现裁切位刀花、毛边等现象。

胶装时常用三种胶黏剂，其特点如表 2－1 所示。

表 2－1 三种常用胶黏剂特点比较

名称	PVA 白乳胶	PUR 热熔胶	EVA 热熔胶
外观	乳液状	固体颗粒	固体颗粒
使用温度	正常室温	120～150℃	150～180℃
胶层厚度	0.2～0.5mm	0.2～0.5mm	0.4～1mm
干燥时间	随空气温度而自然干燥	快速	快速
胶质干燥后韧度	韧性好	韧性一般	无韧性
纸张适性	适合所有纸张	适合所有纸张	不适合涂料纸
胶质耐受期	较长	很长	一般 3 年左右
相对用量	较少	较少	较多

在选用胶黏剂的过程中，遵循以下原则。

① 根据书本要求保存的时间选用。

a. 一般无须长久保存的书籍，可选择 EVA 热熔胶，黏结干燥快、成型好、成本低，但随着时间的推移，胶质脆性增大，书籍翻页极易断裂，难以完整保存，特别不适合铜版纸使用。

b. 可长期保存的胶黏剂，有白乳胶、PUR 热熔胶。

② 根据纸张材质选用 PVA 的乳胶或 PVR 热熔胶。因为内页的印刷纸张为铜版纸，使用 EVA 热熔胶剂不适合。

③ 根据干燥时间的长短选用。如果装订时连续下雨，湿度较高，自然干燥时间较长，影响书本脊位成型效果，则应选择 PUR 热熔胶，且白乳胶的拉伸强度也较 PUR 热熔胶差。

PUR 热熔胶的柔韧性、摊平性、耐久性较好，胶中的聚氨酯高分子通过与水发生化学反应而与纸张交联，从而促进纸张黏合，增强了拉伸强度，并增强了其耐高温及低温的能力，对减少纸张因丝缕方向不确定而产生的波浪状有较好的帮助。

四、成本核算

1. 版面设计制作费（见表6－1）

①封面：2P　大6开/张×1000元＝1000元

②内页：大12开　36P×400元/P＝14400元

1000元＋14400元　＝15400元

小计　15400元

2. 印刷制版费（见表6－2、表6－3和图2－14印刷施工单）

印刷1000本按起版费/套版计算

①封面印刷：大对开印刷拼大6开三个封面，印刷专色1200元/套版

②内页印刷：36P÷6＝6套4色印版

6套×1200元/套＝7200元

1200元＋7200元　＝8400元

小计　8400元

3. 纸张费

①封面用纸大度300g/m² 珠光特种纸，以5元/张计价。封面展开规格为大6开

印刷1000本÷6开＝167张　　167张＋43张损耗＝210张

210张×5元/张＝1050元

②内页用纸大度210g/m² 双面光铜纸，以8300元/吨计价

每本36P÷12开＝3个印张　3个印张÷2＝1.5张（全张）

1000本×1.5张/本＝1500张

1500张＋6套印版×50张（损耗）＝1800张（全张）

210 g/m² 白卡纸单价：8300元/吨×210g/m² ÷942093（系数）＝1.85元/张

1.85 元/张×1800 张=3330 元（纸费）

1050 元+3330 元 = 4380 元

小计 4380 元

4. 印后加工装订费

①烫金费用（见表 6－6）：烫金面积 2.6cm×12.5cm=32.5cm^2（每本）

烫金材料费 32.5cm^2×0.002 元/平方厘米×1000 本=65 元

烫金制版费 32.5cm^2×0.1 元/平方厘米=3.25 元（不足 10 元以 10 元计）

烫金加工费 1000 本×0.015 元/本=15 元（不足 150 元以 150 元计）

烫金费用为 65 元+10 元+150 元=225 元

②折页、配页费（见表 6－9）：

封面模切压痕费 内页用纸因超过 200 g/m^2 以上厚度的纸张，且只可以对折形式进行折页，对折方式采用脊位压痕的方法，费用起点为 150 元

套帖费 3 个对折套配为一个锁线帖，共 9 个对折×0.03 元/对折×1000 本=0.27 元/本×1000 本=270 元

③锁线上封面费：锁线 3 帖×0.07 元/帖×1000 本=0.21 元/本×1000 本=210 元

上封面费 封面 2 帖×0.07 元/帖×1000 本=0.14 元/本×1000 本=140 元

210 元+140 元=350 元

小计 225 元+150 元+270 元+350 元=995 元

5. 以上总计

15400 元+8400 元+4380 元+995 元=29175 元

每本单价为 29175÷1000=29.18 元/本

案例四　图文并茂的精装书跟单实例

一、案例说明

如图2－19《中国一代书画名家》精装书，按印件五大要素来进行阐述。

图2－19　《中国一代书画名家》精装书

①印品规格　大度16开
书芯210mm×285mm
书壳216mm×293mm

②印品用料　面纸157g/m² 双铜纸、2P，书壳1230g/m² 灰纸板，厚2mm、环衬120g/m² 彩纹纸、8P，内页100g/m² 特种纸，100P。

③印刷数量　2000册

④印刷色数　封面、封底（4＋0）色；内页单色（1＋1）色

⑤印后加工　封面、封底过亚胶，面纸裱糊，环衬与封二、封三裱糊。书芯内页锁线装订、脊位贴纱布加布头

二、跟单工艺流程

封面设计→制版→印刷→封面\封底单面过亚胶→模切定位→封面与灰板书壳裱糊→

内页编排→制版→印刷→折页、配页→锁线→切书芯→上纱布头、粘贴定位环衬→

环衬与书壳封二、封三裱糊→完成

三、阅读施工单

案例四的印刷生产施工单如图 2－20 所示。

印刷生产施工单

印件名称	《中国一代书画名家》		客户名称	××市××镇人民政府		
印件类别	精装书	开单时间	×年×月	交货时间	×年×月×日	
成品尺寸	书芯 210mm×285mm 书壳 216mm×293mm		成品数量	2000 本	成品开度	大 16 开
原稿	客户自带封面、封底胶片正 4 开 1 套 内页大 16 开 99P					

项目	封面、封底	内页	封二、封三环衬	完成时间
P 数	2P	100P	8P	—
纸张名称（克重）	157g/m² 进口双铜纸	100g/m² 特种纸	120g/m² 彩纹纸	×月×日
纸张规格	787mm×1092mm	889mm×1194mm	889mm×1194mm	×月×日
用纸数量	500＋100 张	6500＋1300 张	500＋50 张	×月×日
印刷色数	4＋0	1＋1	0＋0	×月×日
拼版方式	4 开拼版（见拼版图）	按对开折手页拼版 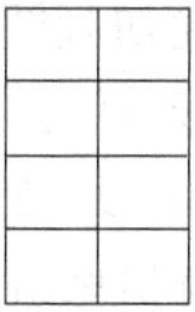	按 8 开裁切并对折 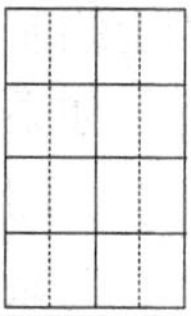	×月×日

<table>
<tr><td colspan="2">印刷版数</td><td colspan="2">4块4开版</td><td colspan="2">12块对开版
1块对开自翻版</td><td></td><td>×月×日</td></tr>
<tr><td colspan="2">裁纸尺寸</td><td colspan="2">390mm×540mm</td><td colspan="2">885mm×595mm</td><td>426mm×291mm</td><td>×月×日</td></tr>
<tr><td colspan="2">印刷机台</td><td colspan="2">1号机</td><td colspan="2">2号机</td><td></td><td>×月×日</td></tr>
<tr><td colspan="2">印刷色序</td><td colspan="2">Y，M，C，K，</td><td colspan="2">K+K</td><td></td><td>×月×日</td></tr>
<tr><td rowspan="3">印后加工</td><td>面纸加工</td><td colspan="6">过亚胶　模切规格　390mm×540mm
书壳加工　用灰纸板1230g/m²　规格　大度889mm×1194mm
模切规格　面壳205×291mm×2　脊位壳　15mm×291mm
面纸裱糊面积　335mm×507mm　环衬纸裱糊面积　285mm×210mm</td></tr>
<tr><td>内页加工</td><td colspan="6">6个折手页、配页及锁线6手　胶装上封　　完成时间　×月×日</td></tr>
<tr><td>其他说明</td><td colspan="6">上封壳前内书芯裁切成品，贴好环衬定位线，贴脊头布、贴脊位纱布，上封后成品翻页凹槽位模压起脊</td></tr>
<tr><td colspan="2">包装方式</td><td colspan="6">纸箱包装</td></tr>
<tr><td colspan="3">工单发送部门</td><td colspan="5">□生产管理部　□设计部　□印刷部　□印后加工部
□质检部　□仓库　□采购部</td></tr>
<tr><td colspan="4">跟单员</td><td colspan="2">负责人</td><td colspan="2">备注</td></tr>
<tr><td colspan="4">业务员</td><td colspan="2">负责人</td><td colspan="2">备注</td></tr>
<tr><td colspan="4">制单员</td><td colspan="2">负责人</td><td colspan="2">备注</td></tr>
</table>

图2－20　案例四的印刷生产施工单

四、拼版

由施工单已知，印前设计已基本完成出片工作，根据封面、封底的彩色打样稿，制作灰纸板书壳的封面、封底、脊位共三块在面纸上的定位图，检查设计尺寸是否够位，如果不够位，在允许的情况下，还可通过印刷进行局部弥补。整个版面符合要求后即在彩色打样稿的基础上绘制定位的模切版图，因为灰纸板在面纸的反面（内面）是白底。如果不标示折痕位，裱糊书壳时无法统一成面纸的画面在同一方位。见图2－21、图2－22。封面面纸完成模切后即实行裱糊粘贴工作，其裱糊工作流程见图2－23。

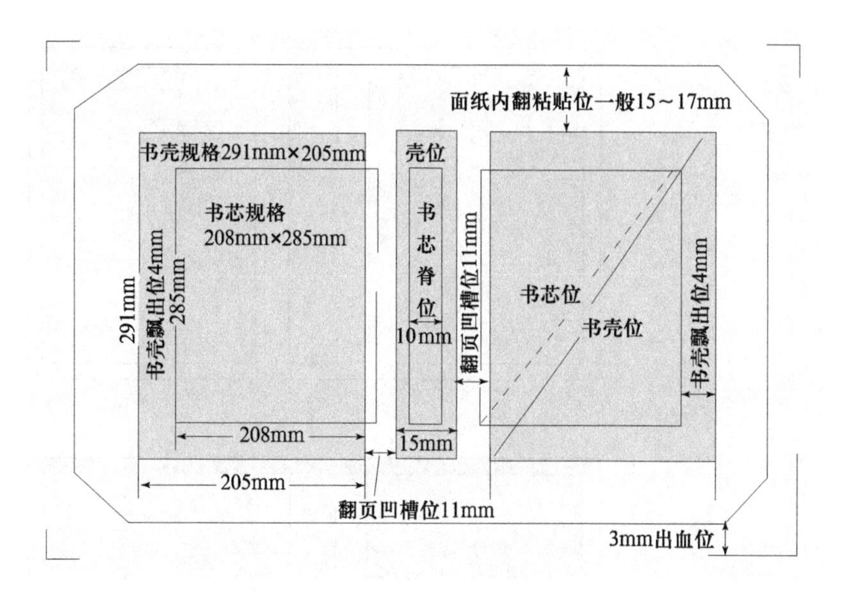

图 2－21 封面反面与书壳的定位图

图 2－22 封面、封底展开拼版图

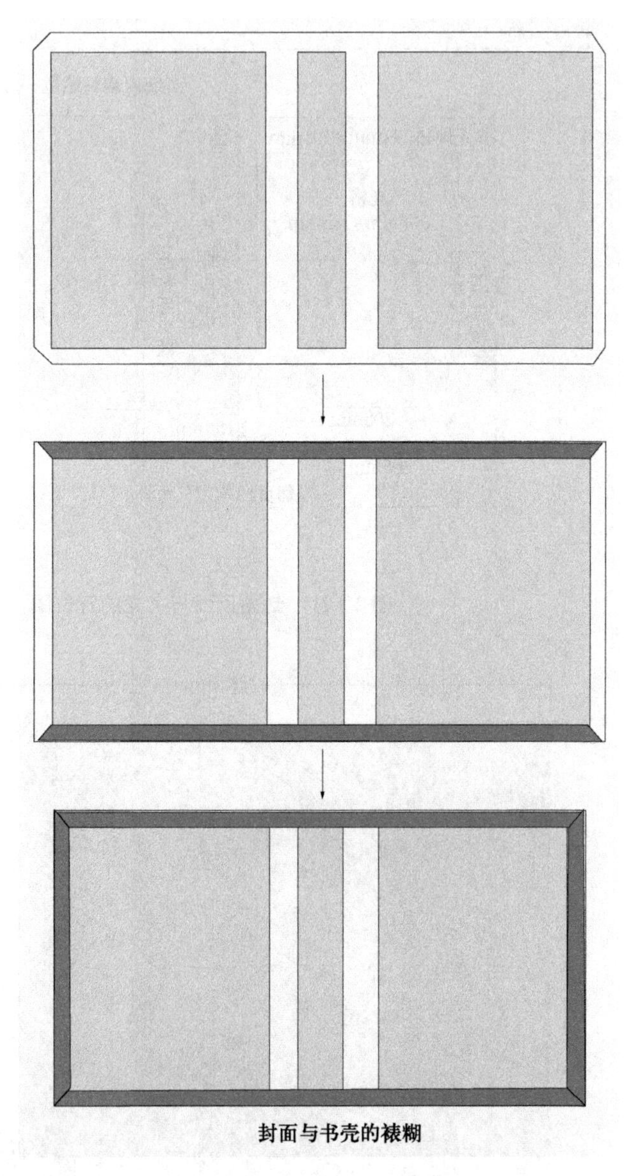

图 2－23　封面与书壳裱糊流程图

内页折手共6个印张的折手页，多出一个4P自翻版印刷，为锁线装订方便，放在最后一手的套页内锁线，可减少单张锁线的难度。内页的折手在拼版时注意天头与地脚的对位，一般有书眉的内页以天头定位，没有特殊的标志位则一般以地脚与页码的定位为标准。每一个印张正反版面的叼口方位必须一致，折手页的闯齐位必须统一。

内页单色印刷，可单P出胶片进行手工拼版，如果是多色印刷，最好能拼大版出胶片，当然一般而言，拼大版出胶片成本略高，而单P出胶片成本则较低，但拼版的工作量自然加大，如果有跨页图，则更加增大了拼版难度。特别是一幅画面是左右两面展开页而印刷却在一套版的正反两面印刷，还会出现墨色深浅不一的问题，则更加影响美观。见图2－24。

图2－24　书籍的跨页图

正常书籍垂直折页的原则是：①右手折页；②顺时针旋转。如图2－25所示。

折手页标准页码内容：按折手页的页码方位绘制拼版纸。

书芯的印后工作流程如图2－26所示。

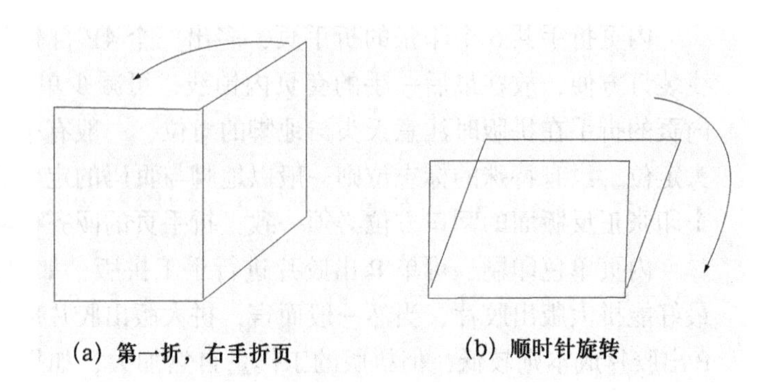

图 2－25　垂直折页基本方法

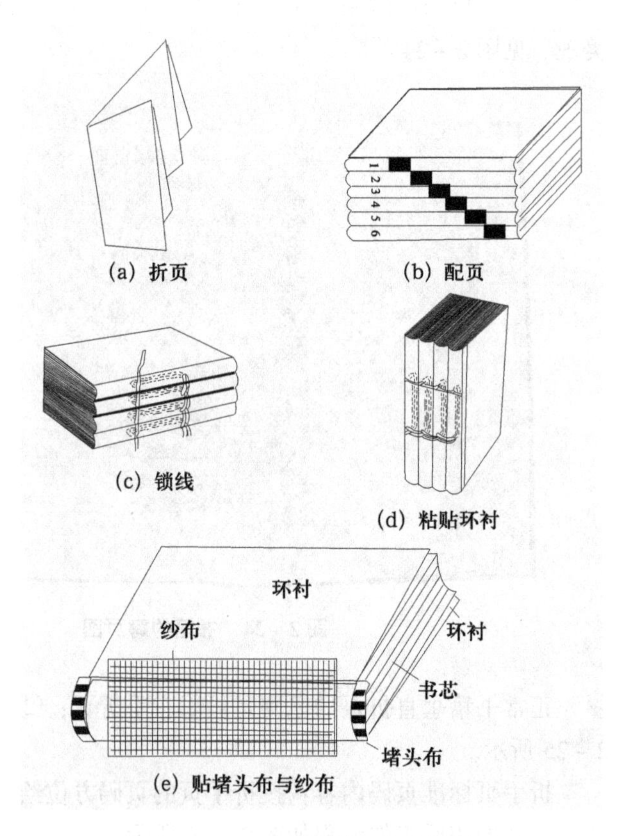

图 2－26　书芯印后工作流程图

精装书的环衬：

只有精装书才使用环衬，环衬是用于连接书封壳与书芯的衬纸，是书芯的组成部分，环衬分为书前环衬和书后环衬。环衬纸的选用十分重要，关系到成书的结实度，一般采用 100 ~ 120g/m^2 胶版纸较为理想。

精装书的堵头布：

为了防止书芯黏合后分离、散页，精装书要在书本的书芯脊位天头与地脚处两头粘贴织布类材料，以加固书芯并起到装饰的作用，对于书脊的主要部位用纱布背条黏合，同样起到加固书籍，以防书籍随着时间的延长出现的松散现象的作用。双重保险的作用是使书本结实度更高，同时增加了书本外形的美观性。

精装书的压平：

精装书的生产对书芯质量要求特别严格，因而有一个压平的工艺，通过机械的压力将书芯压实成型，是一道整形工序。通过施加平面压力，排除书芯内页之间留存的空气，防止书帖折缝处翘起反弹变形，是一道重要的精装书生产工艺。

精装书的扒圆：

精装书的脊位有方背与圆背之分，方背一般较为简单，而圆背就多了一道脊位扒圆的工艺。扒圆是一道精装书的装帧造型工艺。在上书壳前，先将书芯背部处理成圆弧形状，因为在生产中，每一个书帖在经过折叠后，订口边都会略厚于书帧的其他部位，通过扒圆后书背呈圆弧状，使书帖的厚部稍错开，就不会重叠在同一直线上，脊背扒圆工艺不仅仅是装帧造型

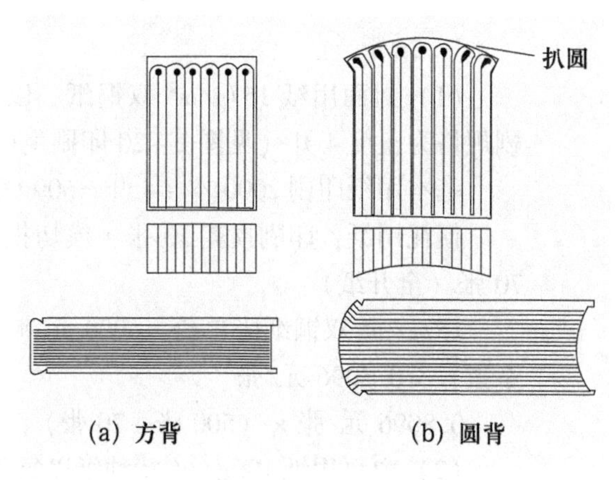

图 2－27　书脊的外形示意图

的需要，也是一项确保精装书能平整装帧的技术工艺。见图2－27。

精装书的起脊：

精装书生产还有一个起脊的工艺（见图2－28），这一道工艺在精装书上书壳前加工，加工时一定要将书芯用特制的夹板夹紧不松动，通过机械模具的压力，在接近书脊正反两面与环衬相交的边缘上压出一道凸痕，形成书脊凹下处向上时能使书封微微向外鼓起的效果。有了这样的起脊，书本就不会出现书背与书壳连接时的塌陷现象，起脊后通过书槽和压槽的相互配合，书壳和书芯之间的活动结构更加灵便。

图2－28 精装书的起脊

五、成本核算

1. 纸张费

（1）封面用纸157g/m² 双铜纸，以6000元/吨计，封面展开印刷规格为正度4开（见图2－20印刷生产施工单）：

基本用纸印刷2000本÷4开＝500张（全开纸）

损耗用纸：印刷损耗50张＋模切损耗10张＋裱糊损耗10张＝70张（全开纸）

157g/m² 双铜纸张单价：6000元/吨×157g/m² ÷1163597（正度系数）＝0.8096元/张

0.8096元/张×（500张＋70张）＝461.50元

（2）内页用纸100g/m² 特种纸以每张1.80元计：

100P ÷大16开÷2（双面印刷）=6.25印张÷2=3.125张（全开）

基本用纸：3.125张×2000本=6250张（全张）

损耗用纸：印刷损耗（6.25印张×2面×75张）+装订损耗（6.25印张×25张）=937.5+156.25=1094张（全张）

1.80元/张×（6250张+1094张）=13220元

（3）封二、封三环衬用纸：以每张1.50元计，$120g/m^2$彩纹纸，前后环衬各8开1张，每本用大4开1张。

基本用纸：2000本÷4开=500张（全张）

损耗用纸：裁切损耗5张+上封面裱糊损耗25张+贴环衬损耗5张=35张（大全开）

1.50元/张×（500张+35张）=802.5元

（4）书壳用灰纸板$1230g/m^2$，以5200元/吨计，用纸规格见图2-29为大度8开。

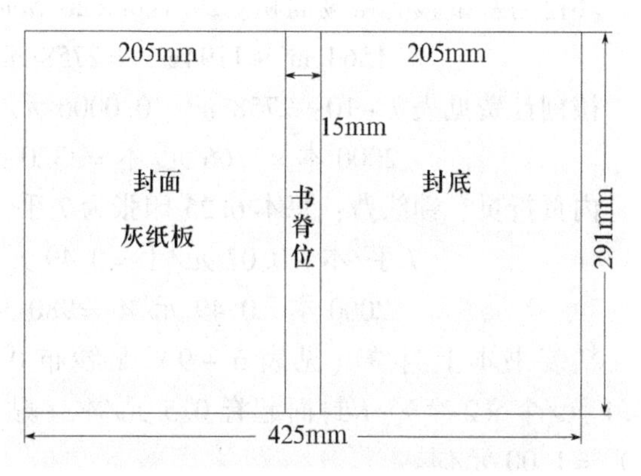

图2-29 封面灰纸板模切样图

基本用纸：2000本÷8开=250张（全张）

损耗用纸：模切损耗10张+裱糊损耗10张=20张

$1230g/m^2$灰纸板单价：5200元/吨×$1230g/m^2$÷942093（大度系数）=6.79元/张

6.79元×（250张+20张）=1833元

纸张用料小计：461.5 元 + 13220 元 + 802.5 元 + 1833 元 = 16317 元

2. 印刷费

（1）封面印刷费：不足 5000 印/套，以印刷开机费计，正 4 开（见图 2 - 22）为 600 元/套。

封面总宽：17 + 205 + 11 + 15 + 11 + 205 + 17 = 481mm

封面总高：17 + 291 + 17 = 325mm

（2）内页印刷费：不足 5000 印/套，以印刷开机费计

100P ÷ 16P × 2（面）× 150 元/套 = 13 套版 × 150 元/套 = 1950 元

印刷费小计：600 元 + 1950 元 = 2550 元

（3）印后加工装订费：

封面用纸：模切版费 80 元 + 模切费 150 元 = 230 元

封面灰纸板壳：模切版费 80 元 + 模切费 150 元 = 230 元

面纸与灰纸板壳裱糊面积：48.1cm × 32.5cm = 1564cm^2

环衬与灰纸板壳裱糊面积：29.1cm × 20.5cm × 2 = 1194cm^2

$$1564cm^2 + 1194cm^2 = 2758cm^2$$

裱糊计费见表 7 - 10：2758cm^2 × 0.0006 元/cm^2 = 1.66 元/本

2000 本 × 1.66 元/本 = 3320 元

内页折页、锁线费：每本 6.25 印张为 7 手

7 手/本 × 0.07 元/手 = 0.49 元/本

2000 本 × 0.49 元/本 = 980 元

精装书本上封费（见表 6 - 9）贴纱布 0.1 元/个 + 贴脊头布（0.1 元/个 × 2 个）+ 封面起脊 0.5 元/本 + 贴环衬（0.1 元/个 × 2 个）= 1.00 元/本

2000 本 × 1 元/本 = 2000 元

印后加工费小计：230 + 230 + 3320 + 980 + 2000 = 6760 元

3. 以上各工序总计费用

16317 + 2550 + 6760 = 25627 元

25627 元 ÷ 2000 本 = 12.81 元/本

每本书的加工单价为 12.81 元。

单元二

广告类印刷品跟单实例

案例五　折叠式广告宣传单张跟单实例（1）

案例六　折叠式广告宣传单张跟单实例（2）

案例七　文件夹式产品宣传册跟单实例

案例八　纸质礼品袋跟单实例

案例九　纸质不规则装吊牌跟单实例

案例十　纸质规则吊牌跟单实例

案例五　折叠式广告宣传单张跟单实例(1)

一、案例说明

如图 3－1 所示为折叠式广告宣传单张，从印件的五大要素来进行阐述。

①印品规格　360mm×220mm　正度 8 开
②印品用料　157g/m^2 亚粉纸
③印刷数量　10000 张
④印刷色数　正面 4 色 ＋ 反面 4 色
⑤印后加工　单面过亚胶、模切、折叠

图 3－1　折叠式广告宣传单张

二、跟单工艺流程

跟单注意要点：

①设计底色的深浅与纸张的选用对折痕位的影响。底色越深折位越易漏白，特别是 $157g/m^2$ 以上的铜版纸。

②模切刀位，特别是有圆弧的位置，要求接口圆滑，无毛边。

三、阅读施工单

案例五的印刷生产施工单如图 3－2 所示。

印刷生产施工单

<table>
<tr><td>客户名称</td><td colspan="2">××公司</td><td>合同单号</td><td>005</td><td>施工单号</td><td>005</td><td>交货期</td><td>×月×日</td></tr>
<tr><td>印件名称</td><td colspan="2">折叠式广告宣传单</td><td>成品尺寸</td><td colspan="3">360mm×220mm</td><td>印数</td><td>10000 张</td></tr>
<tr><td rowspan="2">拼版</td><td colspan="3" rowspan="2">拼版方式：正 4 开自翻版拼版</td><td>拼版尺寸</td><td colspan="2">正 4 开</td><td>印版件数</td><td>4 块</td></tr>
<tr><td>印刷色数</td><td colspan="2">4＋4 色</td><td>P 数</td><td>2P×8 开</td></tr>
<tr><td rowspan="2">切纸</td><td>用纸名称</td><td colspan="2">$157g/m^2$ 亚粉纸</td><td>用纸数</td><td colspan="4">1250 张（全开）</td></tr>
<tr><td>开纸尺寸</td><td colspan="2">390mm×540mm</td><td>加放数</td><td colspan="4">50 张（全开）</td></tr>
<tr><td rowspan="2">印刷</td><td>印刷用纸</td><td colspan="2">$157g/m^2$ 亚粉纸</td><td>印刷色数</td><td colspan="4">4＋4 色</td></tr>
<tr><td>上机尺寸</td><td colspan="2">正 4 开</td><td>下机数量</td><td colspan="4">5150 张（4 开）</td></tr>
<tr><td>印后加工</td><td colspan="8">单面过塑、制模切版并模切、折叠（见样板）</td></tr>
<tr><td>开单员</td><td colspan="2"></td><td>审核员</td><td colspan="3"></td><td>开单时间</td><td></td></tr>
</table>

图 3－2　案例五的印刷生产施工单

四、拼版与印刷

自翻版拼版如图 3 –3 所示。

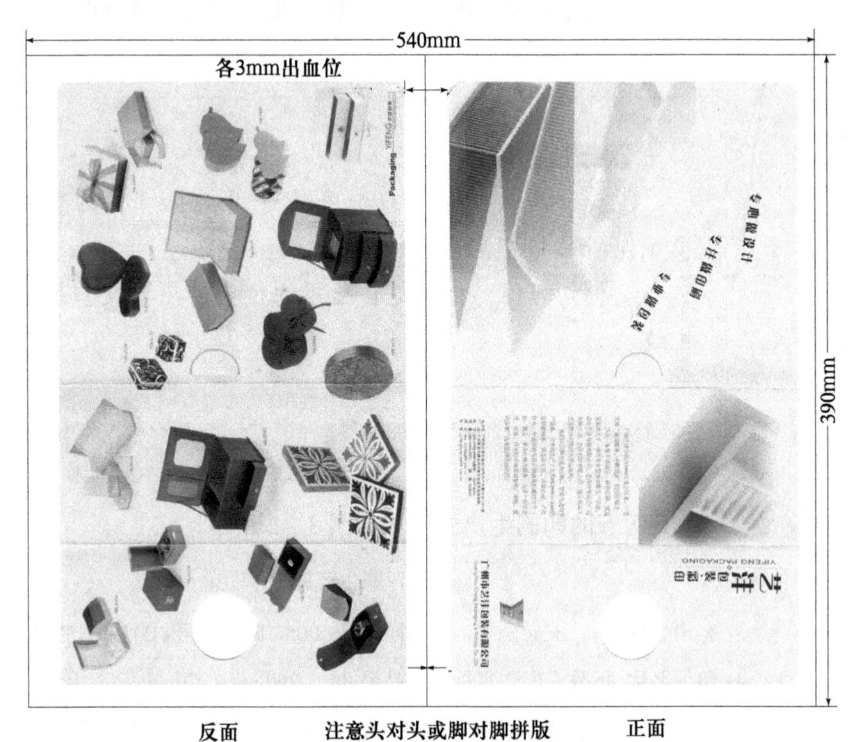

图 3 –3　4 开自翻版拼版图

此项印品由于是长 8 开，以自翻版拼版方式较为合适，因为一套版可以印刷的工艺，在原则上不要用两套版印刷。自翻版拼版方式是印完一面后印版叼口位不变，纸张左右翻转再印另一面的工艺方法。印刷完成后，绘制模切版图并制作模切版较为准确，如果在电脑上已经按拼大版出胶片或出 PS 版，则可省略手工拼版带来的不确定性，并且套印较为准确，这也是印刷数字化技术带来的便利。

五、印后加工

此项单张由于是单面过塑，塑膜不宜拉得太紧，以防纸张卷曲。模切时，注意刀位不应有毛边，圆弧位的连接应自然顺滑。过塑面积如果是大面积深色油墨，印刷时还要求尽量不喷粉，否则过塑极易起泡，粉质会影响塑膜与纸张的粘连，深色墨则更加明显。

六、成本核算

（1）版面设计费（见表 6－1，图片稿栏）正反两面各为正度 8 开。

8 开　1000 元/面 ×2 面 =2000 元

（2）纸张费：157g/m^2 双铜纸以 6000 元/吨计，纸张单价：

6000 元/吨 ×157g/m^2 ÷1163597（正度系数）=0.81 元/张

基本用纸：10000 张 ÷8 开 =1250 张（全开）

损耗用纸：印刷损耗 25 张 + 过塑损耗 10 张 + 模切损耗 15 张 = 50 张（全开）

0.81 元/张 ×（1250 张 +50 张）=1053 元

（3）印刷费：参见表 6－3，可参照四色 4 开机开机费计，550 元/套

（4）印后加工费

①过塑费（见表 6－5）：4 开机印刷，通常以 4 开机过塑为宜，但此案例由于是单面过塑，因此要裁切为 8 开后过塑。

10000 张 ×0.075 元/张 =750 元

②模切费（见表 6－8）：4 开模切版费 100 元 + 模切费 200 元 = 300 元

③折页机折叠费：120 元/万张

小计　750 元 +300 元 +120 元 =1170 元

总计　2000 元 +1053 元 +550 元 +1170 元 =4773 元

每张单价：4773 元 ÷1000 张 =0.48 元/张

案例六　折叠式广告宣传单张跟单实例(2)

一、案例说明

如图 3－4 所示为折叠式广告宣传单张，从印件的五大要素来进行阐述。

①印品规格：628mm×200mm

②印品用料：157g/m² 双铜纸

③印刷数量：10000 张

④印刷色数：正面 4 色＋反面 4 色

⑤印后加工：折叠

正面

反面

图 3－4　折叠式广告宣传单

跟单注意要点：

①折叠式宣传单张设计时，注意折叠线位的色彩不要太深，否则深色底的折叠线位容易在裂位漏白，影响美观。

②根据图3－5宣传单张的丁三开开料图，工艺上可选择两种印刷方式。一种是正反版印刷，即两套印版印刷；还有一种是一套版反叼口印刷（见图3－6）。通常对印机操作要求高的是第二种方式。因为印完一面，印版要卸下来，将印版的拖梢位改为叼口位，重新装版，调试印机，对套印要求较高的印品慎重选择。同时在规格的计算时，不要忘了由于是双叼口位，要留够两个叼口位置，通常机型不同叼口位不同，但大多机型的叼口位都在8～15mm之间。

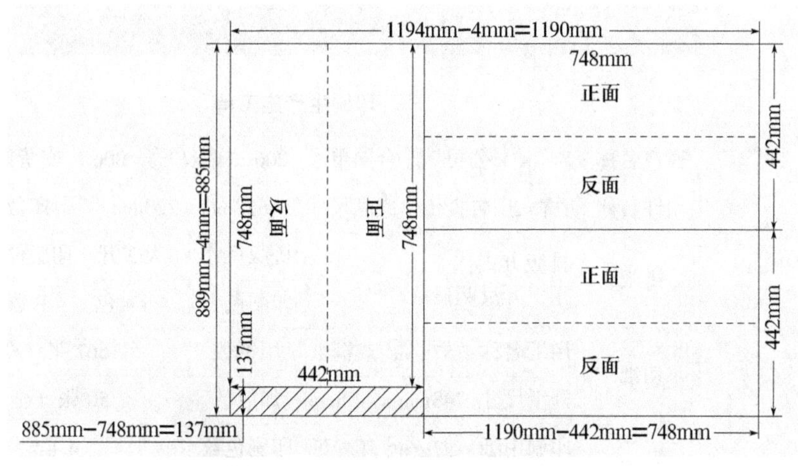

图3－5　宣传单张的丁三开开料图

二、跟单工艺流程

设计制作 → 拼版印刷 → 切成品 → 折页机折页成型

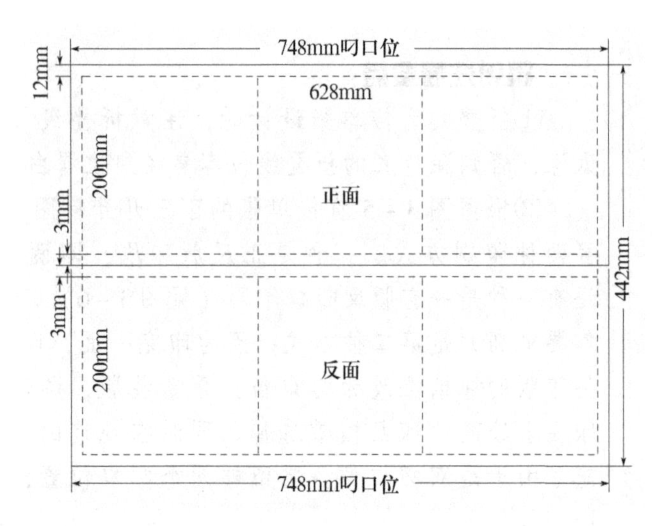

图3－6　宣传单张拼版图

三、阅读施工单

印刷生产施工单

客户名称	××公司		合同单号	006	施工单号	006	交货期	×月×日
印件名称	折叠式广告宣传单		成品尺寸	628mm×220mm			印数	10000张
拼版	排版方式： 丁三开反叼口			拼版尺寸	大3开		印版件数	4块
				印刷色数	4+4色		P数	2P×6开
切纸	用纸名称	157g/m² 双铜纸		用纸数	1667张（全开）			
	开纸尺寸	748mm×442mm		加放数	50张（全开）			
印刷	印刷用纸	157g/m² 亚粉纸		印刷色数	4+4色			
	上机尺寸	大对开		下机数量	5100张			
印后加工	折页机折页							
开单员			审核员			开单时间		

图3－7　案例六的印刷生产施工单

四、成本核算

（1）版面设计制作费（见表6－1，图片稿栏。大6开参考8开版面费用）。

大6开　2面×1000元=2000元

（2）纸张费：

157g/m^2双铜纸以6000元/吨计，纸张单价：

157g/m^2×6000元/吨÷942093（大度系数）=1元/张

基本用纸：10000张÷大6开=1667张

损耗用纸：印刷损耗50张

（1667张+50张）×1元/张=1717元

（3）印刷费：以丁三开开料并反叼口上机印刷，可参照四色对开机开机费计1000元/套。因为要装两次印版，开机费可略高一点。

1717张×3开=5151张（丁三开）

5000张左右都可以5000张印次参照。

（4）印后加工费：裁切成品后，上折页机折页。

10000张×0.02元/张=200元

总计：2000元+1717元+1000元+200元=4917元

4917元÷10000张=0.49元/张

案例七　文件夹式产品宣传册跟单实例

文件夹式产品宣传册，一般是系列产品介绍，在这类印品中有的装订成册，类似于画册的印刷，有的则为了灵活应用，而采取活页式随时穿插方法，在封壳中自由添加特定产品单张的印刷装帧形式。

一、案例说明

如图 3－8 所示为文件夹式宣传册，从印件的五大要素来进行阐述。

图 3－8　文件夹式宣传册

①印品规格　大度 16 开
封袋 4P　210mm × 290mm
内页 32P　208mm × 285mm　散插页
②印品用料　面纸 220/m^2 亚粉纸
内页纸 157g/m^2 亚粉纸
③印刷数量　5000 册
④印刷色数　封面、封底、封二、封三、(4 + 4) 色；内页 (4 + 4) 色
⑤印后加工　封面、封底过亚胶，模切成型，粘贴袋位，内页按成品尺寸裁切后分包，由客户自行选择插页的数量与内容

二、跟单工艺流程

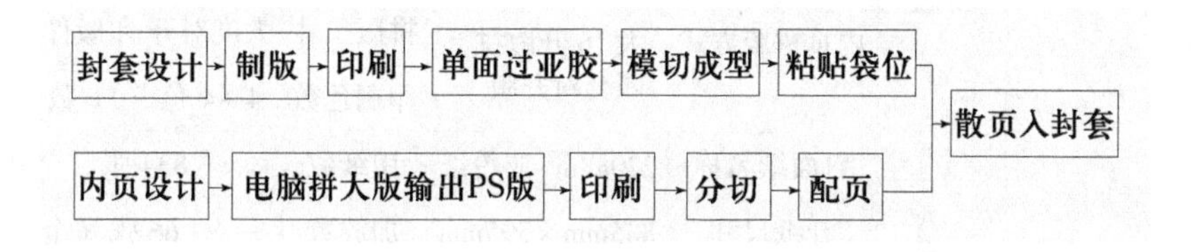

跟单注意要点

①产品说明类广告宣传，重在产品图片的清晰度要求，一般图片原稿最好是透射原稿。因为在现有的原稿中分辨率最高的就是透射原稿（正片）。目前，数字摄影的图像分辨率，只相当于透射原稿（正片）分辨率的一半左右。

②图片与文字的镶嵌，应符合一般的审美需求，例如：一是文字离图片的距离一般不超过 5mm；二是文字不宜太小，要有利于阅读；三是图片与文字不宜离裁切线太近，以 5mm 为限。

③封面的深色大墨量印刷加印后过亚胶，特别容易引起塑膜起泡。

④封面文件袋的印刷，注意干燥时间的把握，否则易出现磨花现象，影响印后加工的成品数量。

三、阅读施工单

案例七的印刷生产施工单如图 3－9 所示。

印刷生产施工单

<table>
<tr><td>客户名称</td><td colspan="2">××公司</td><td>合同单号</td><td>007</td><td>施工单号</td><td>007</td><td>交货期</td><td>×月×日</td></tr>
<tr><td>印件名称</td><td colspan="2">文件夹广告宣传册</td><td>成品尺寸</td><td colspan="3">210mm×290mm</td><td>印数</td><td>5000 册</td></tr>
<tr><td rowspan="4">拼版</td><td colspan="3" rowspan="2">封壳拼版方式：大度长 3 开拼版正反面各一套</td><td colspan="2">拼版尺寸</td><td>大度 3 开</td><td>印版件数</td><td>对开 8 块</td></tr>
<tr><td colspan="2">印刷色数</td><td>4＋4 色</td><td>P 数</td><td>4P，16 开</td></tr>
<tr><td colspan="3" rowspan="2">内页拼版方式：大 16 开散拼
四套对开版</td><td colspan="2">拼版尺寸</td><td>大度对开</td><td>印版件数</td><td>对开 16 块</td></tr>
<tr><td colspan="2">印刷色数</td><td>4＋4 色</td><td>P 数</td><td>32P，16 开</td></tr>
<tr><td rowspan="4">切纸</td><td>封面纸名称</td><td colspan="2">220g/m² 亚粉纸</td><td colspan="2">用纸数</td><td colspan="3">834 张（全开）</td></tr>
<tr><td>开纸尺寸</td><td colspan="2">885mm×395mm</td><td colspan="2">加放数</td><td colspan="3">66 张（全开）</td></tr>
<tr><td>内页纸名称</td><td colspan="2">157g/m² 亚粉纸</td><td colspan="2">用纸数</td><td colspan="3">5000 张（全开）</td></tr>
<tr><td>开纸尺寸</td><td colspan="2">880mm×595mm</td><td colspan="2">加放数</td><td colspan="3">150 张（全开）</td></tr>
<tr><td rowspan="4">印刷</td><td>封面印刷用纸</td><td colspan="2">2700 张（3 开）</td><td colspan="2">印刷色数</td><td colspan="3">4＋4 色</td></tr>
<tr><td>内页印刷用纸</td><td colspan="2">10300 张（对开）</td><td colspan="2">印刷色数</td><td colspan="3">4＋4 色</td></tr>
<tr><td>封面上机尺寸</td><td colspan="2">大 3 开</td><td colspan="2">下机数量</td><td colspan="3">2650 张（大 3 开）</td></tr>
<tr><td>内页上机尺寸</td><td colspan="2">大对开</td><td colspan="2">下机数量</td><td colspan="3">5100＋5100 张（大对开）</td></tr>
<tr><td>印后加工</td><td colspan="8">封面单面过亚胶、制模切版并模切、模切后粘贴文件套（见样板）</td></tr>
<tr><td>开单员</td><td>×××</td><td colspan="2">审核员</td><td colspan="2">×××</td><td colspan="2">开单时间</td><td>×月×日</td></tr>
</table>

图 3－9　案例七的印刷生产施工单

四、设计版面

1. 版面结构

产品宣传册往往重在产品的介绍，因此，图片与文字一般较多，而且图片与文字的匹配非常重要。很多时候设计师会一味地在成品尺寸内追求发挥无限的空间想象，不用到极致誓不罢休。不知印刷品在大量的复制中会遇到齐纸、折页、配页、裁切等多道工序。当一叠纸张或一叠书籍一刀裁下时，3mm 出血位的裁切留量就是为此而设置的。对于书芯内容，为安全起见，应该内进 5mm（安全距离），见图 3－10。

图 3－10　印刷内容的安全距离

2. 色彩反差的设计

印刷中的色彩深浅是由网点在单位面积所占比例的多少来表示的。当网点的百分比高时，色彩相对较深。因此，在强调色彩的反差对比时，以网点百分比为例，其差值不应低于70%。例如，在C色70%网点附近，又设置一个C色40%的网点色块则不能表现出两者之间能带来什么视觉的冲击，因为两者仅相差30%，特别是在衬底色内设置反白字时，则更应注意这种反差的效果。因此，印前设计时，反白字要求底色的应用为深色基调，而且网点的设置差应在70%以上，否则不能达到反白字应有的反差效果。

3. 叠色设计

为了丰富色彩的感觉，设计师们往往喜欢运用三色以上的叠加来达到呈色的效果，由于印刷技术与设备的缺陷，不是什么时候都能如设计师所愿。通常高精度平版胶印机的套印精度在±0.05mm～±0.1mm左右，因此，设计线状物或文字的粗细时要考虑印刷产品所选用的印刷机型。印刷套印精度要求在±0.1mm以内时，叠印的线粗不能细于±0.2mm，否则，叠印色变为并列呈色，失去叠印呈色效果。印机套印精度要求在±0.2mm时，叠印的线粗不能细于±0.3mm，否则叠印色会呈现出肉眼极易察觉的重影并产生模糊影像。从印刷工艺技术而言，当线状物或文字笔画非常细，趋于0.2mm以下时的叠色设计，不要超过2色为好，以免给印刷操作出难题。

4. 文字与图片的关系

、当图片附带文字说明时，文字离图片的距离既不能太近——感觉不舒服，也不能太远——好像与图片没关系。一般离图片最近处，不要少于2mm，最远处不要超过5mm为宜，见图3－11。

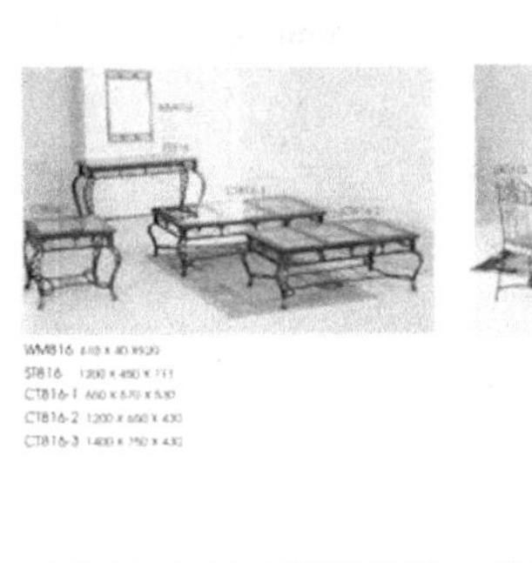

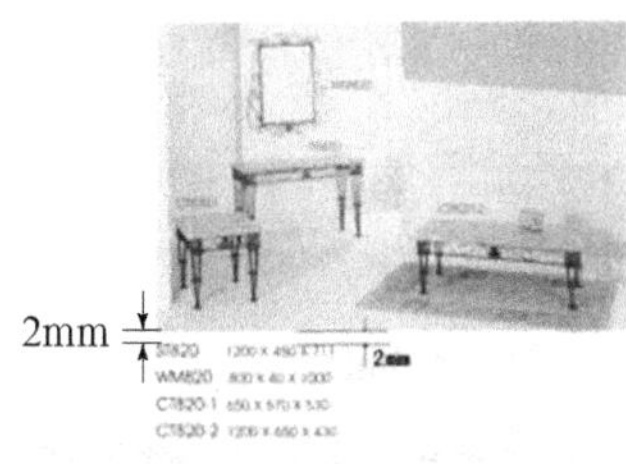

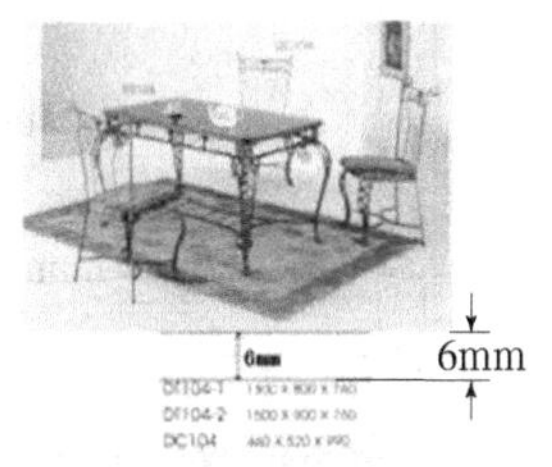

图 3－11　文字与图片的距离示意图

五、面纸拼版

此类设计印件，可用对开机自翻版印刷。但由于封面、封底的版面墨量过大，而封二、封三墨量很小，见图 3－12、图 3－13，形成一半墨量很大而另一半墨量很小，容易出现鬼影或墨杠，印刷操作不易控制。因此改为 4 开机正反两面印刷较为适宜，或者采用大 3 开双拼的方式，正反面两套版印刷。内页的印刷因为没有页码的前后之分，因此拼版时只要前后不出差错，可以按散拼处理，只是散拼要求每个页面与页面的交接一定要留出各 3mm 出血位，加起来为 6mm，以备裁切之需。如果是需要折页的内页，则按折手页顺序拼版，其折手页的装订位却不需要留出血位。

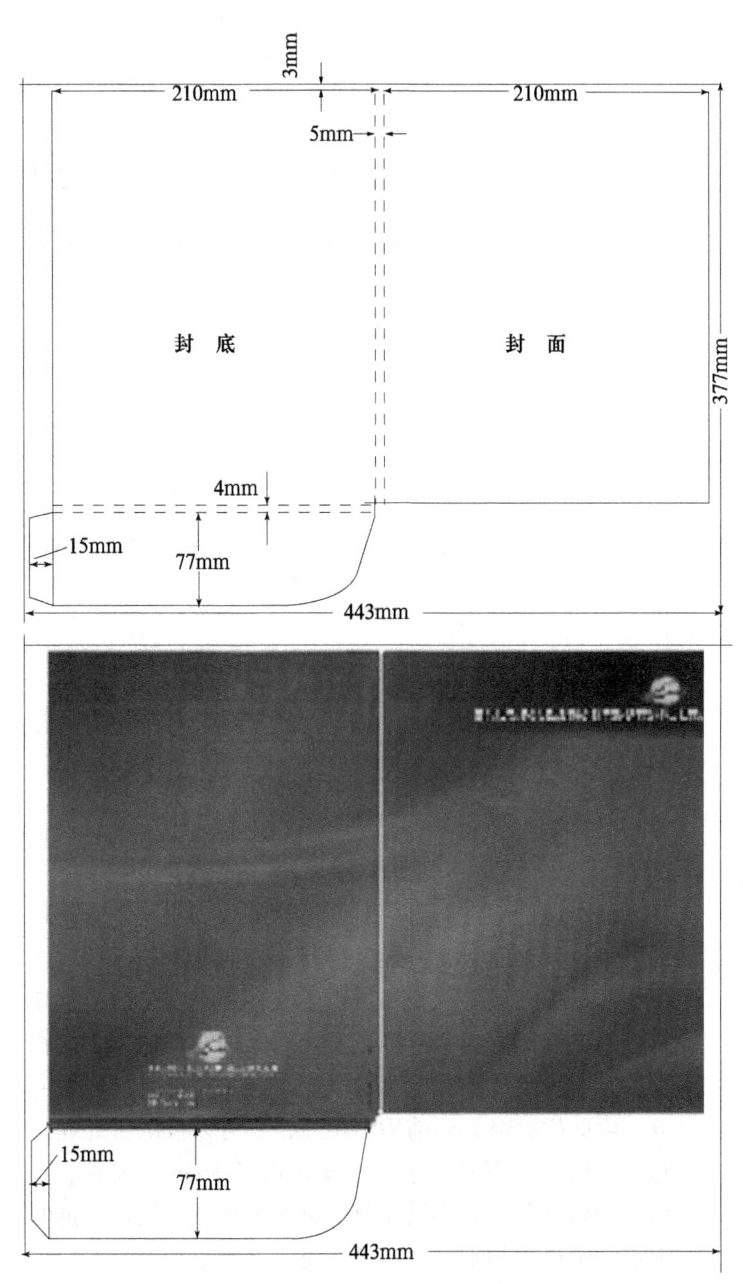

图 3－12　文件夹封面、封底展开拼版图

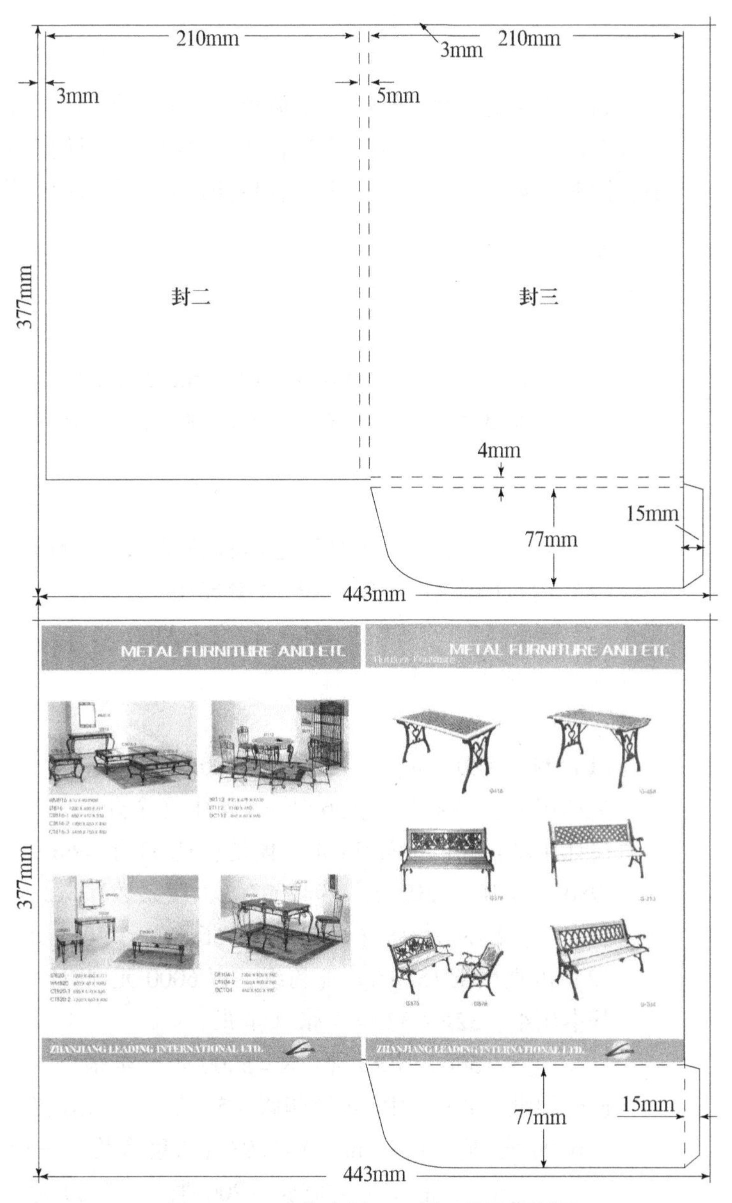

图 3－13　文件夹封二、封三展开拼版图

六、印后加工

封面由于是深墨绿色为主基调色的大面积印刷，印后加工的面纸须过亚胶，因此，印刷时不宜喷粉或少量喷粉。以便保证过胶不起气泡，同时注意过亚胶时，塑膜不宜拉伸过紧以免封面角位起翘。

七、成本核算

1. 设计制作费（见表6－1，图片稿栏）

（1）封面、封底设计制作费：4P×500元＝2000元

（2）内页32P设计制作费：32P×300元＝9600元

小计 2000元＋9600元＝11600元

2. 印刷费（见表6－3），5000印次/每套，以开机费计

（1）封面印刷费：四色对开机正反两套印版×1000元/套＝2000元

（2）内页印刷费：32P÷8P＝4套印版

4套×800元/套＝3200元

小计 2000元＋3200元＝5200元

3. 纸张费

（1）封面220g/m² 亚粉纸，以9800元/吨计

基本用纸：5000册÷大6开＝834张（全开）

损耗用纸：印刷损耗33张＋模切损耗33张＝66张

9800元/吨×220g/m² ÷942093（大度系数）＝2.29元/张

2.29元/张×（834张＋66张）＝2061元

（2）内页用纸157g/m² 亚粉纸，以6000元/吨计

基本用纸：32P÷32P＝1张（全张）

5000册×1张/本＝5000张（全张）

损耗用纸：32P÷8P＝4套印版×50张/套＝200张

6000元/吨×157g/m² ÷942093（大度系数）＝1元/张

1元/张×（5000张＋200张）＝5200元

小计 2061元＋5200元＝7261元

4. 印后加工费（见表6－8、表6－5）

（1）封面封底过亚胶：5000本÷2×0.02元/张＝2500张×0.20元/张＝500元

（2）封面封底模切费：模切版费200元＋模切费250元＋袋位粘贴费250元＝700元

（3）内页裁切分装费：5000本×0.1元/本＝500元

小计　500＋700＋500＝1700元

总计　11600＋5200＋7261＋1700＝25761元

25761元÷5000本＝5.15元/本

案例八　纸质礼品袋跟单实例

一、案例说明

如图 3－14 所示礼品袋，从印件的五大要素来进行阐述。

①印品规格　高 375mm × 宽 310mm × 厚 100mm

②印品用料　157g/m^2 双铜纸

③印刷数量　10000 个

④印刷色数　(2＋0) 色

⑤印后加工　单面过光胶、模切、粘袋、穿绳

图 3－14　礼品袋示意图

二、跟单工艺流程

设计制版 → 印刷 → 模切 → 粘袋 → 穿绳

纸质礼品袋跟单注意事项

礼品袋的印刷工艺较为简单，主要是印后加工的方式不当容易产生质量问题。

①面纸过胶后粘贴处粘胶材料的合理选用（见表1－1）；如果选用错误在使用中极易脱胶。

②纸袋提手位的穿孔距离，如果离袋口较近，纸袋的承重能力大大降低。合理的距离一般在20～25mm。

③在提手处穿绳位及礼品袋低位如果添加一层纸板可以提高纸袋的承受能力。

三、阅读施工单

案例八的印刷生产施工单如图3－15所示。

印刷生产施工单

客户名称	××公司	合同单号	008	施工单号	008	交货期	×月×日
印件名称	礼品袋	成品尺寸	高375mm×宽310mm×厚100mm			印数	10000个
拼版	拼版方式　大对开拼版		拼版尺寸	885mm×595mm		印版件数	2块
			印刷色数	2+0色		P数	

切纸	用纸名称	157g/m² 铜版纸	用纸数	5000 张（全开）
	开纸尺寸	885mm×595mm	加放数	100 张（全开）
印刷	印刷用纸	10200 张(对开)	印刷色数	2+0 色
	上机尺寸	大对开	下机数量	10150 张（对开）
印后加工	单面过光胶、制模切版并模切、粘贴、穿绳（见样板）			
开单员		审核员		开单时间 ×年×月×日

图 3－15　案例八的印刷生产施工单

四、礼品袋拼版图

礼品袋拼版图如图 3－16 所示。

总长：3＋100＋310＋100＋310＋20＋3＝846（mm）

总宽：3＋75＋375＋55＋3＝511（mm）

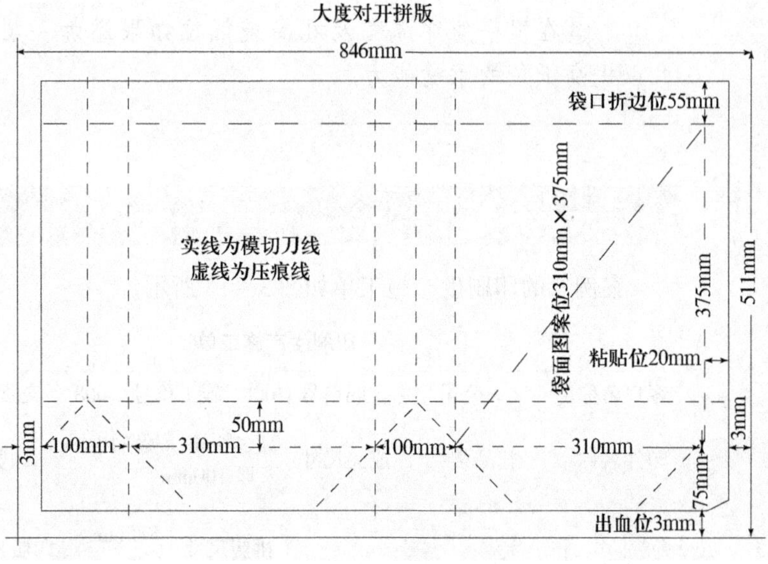

图 3－16　礼品袋展开模切版图

五、成本核算

（1）设计制作费（见表6－1，图片稿栏）：

从大度对开拼版（图3－16）可知，礼品袋的制版是一个大面积整体版，为双色印刷、版面图文较简单，基本费用在制作费的支出，通常按8P×150元/P＝1200元计

（2）印刷费（见表6－4）：因单色/次印刷已超过5000印次，以印刷色令类计费。从图3－15生产施工单显示：10200张对开÷1000张/色令×50元/色令×2色＝1020元

对开印刷PS版费：50元/块×2色＝100元

小计　1020元＋100元＝1120元

（3）纸张费：157g/m^{2}双铜纸以6000元/吨计：

157g/m^2×6000元/吨÷942093（大度系数）＝1元/张

1元/张×（5000张＋100张）＝5100元

（4）印后加工费：

①单面过塑费（见表6－5）：10150张×0.31元/张＝3147元

②制袋费（见表6－11）：模切版费150元＋0.38元/个×1000个＝3950元

小计　3147元＋3950元＝7097元

总计　1200元＋1120元＋5100元＋7097元＝14517元

14517元÷10000个＝1.45元/个

案例九 纸质不规则吊牌跟单实例

一、案例说明

纸质异形童装吊牌跟单实例如图3－17所示，从印件的五大要素来进行阐述。

图3－17 童装吊牌

①印品规格 58mm×40mm

②印品用料 200g/m^2 白卡纸

③印刷数量 100000 个

④印刷色数 （4+0）色

⑤印后加工 单面过UV油、模切、穿孔

二、跟单工艺流程

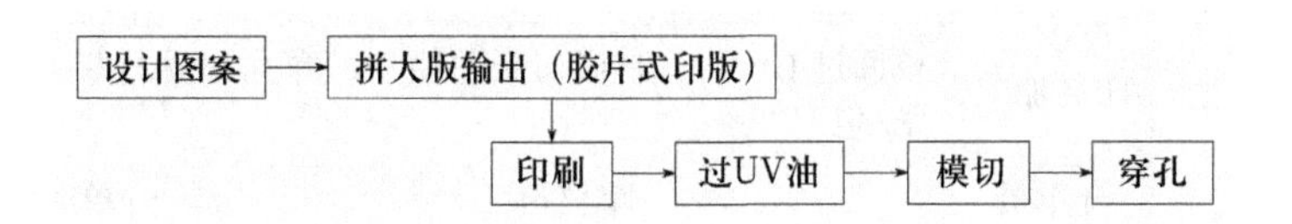

服饰吊牌跟单注意事项

①由于服饰吊牌的面积通常很小，用纸要求硬且挺。在这种情况下无论是矩形、方形、圆形，还是异形，在裁切时一定只能选择模切的工艺。模切位以不少于6mm为好。如果质量要求更为严格，对模切版的制作方式也要改为激光制模切版。

②服饰吊牌的面积通常小而往往内容丰富，文字设计的大小是否可视，重要的内容是否会因为模切误差而被切除，即是否留够安全距离，这里的安全距离以1mm为限。

三、阅读施工单

案例九的印刷生产施工单如图3－18所示。

印刷生产施工单

<table>
<tr><td>客户名称</td><td colspan="2">××公司</td><td>合同单号</td><td>009</td><td>施工单号</td><td>009</td><td>交货期</td><td>×月×日</td></tr>
<tr><td>印件名称</td><td colspan="2">服装吊牌</td><td>成品尺寸</td><td colspan="3">58mm×40mm</td><td>印数</td><td>10万个</td></tr>
<tr><td rowspan="2">拼版</td><td colspan="3" rowspan="2">拼版方式　4开拼版</td><td>拼版尺寸</td><td>正4开</td><td>印版件数</td><td colspan="2">4块</td></tr>
<tr><td>印刷色数</td><td>4+0色</td><td>开度</td><td colspan="2">正256开</td></tr>
<tr><td rowspan="2">切纸</td><td>用纸名称</td><td colspan="2">200g/m² 白卡纸</td><td>用纸数</td><td colspan="4">391张（全开）</td></tr>
<tr><td>开纸尺寸</td><td colspan="2">540mm×392mm</td><td>加放数</td><td colspan="4">75（全开）</td></tr>
</table>

印刷	印刷用纸	1864 张（4 开）	印刷色数	4 +0 色	
	上机尺寸	正 4 开	下机数量	1800 张（正 4 开）	
印后加工	单面过 UV 油、制模切版并模切、穿孔（见样板），包装为 1000 张/包				
开单员		审核员		开单时间	×年×月×日

图 3 –18　案例九的印刷生产施工单

四、拼版图

从模切版制作角度而言，越密集的刀位在调试模切面的水平距离上，每一把刀都在一个平面上，是有相当难度的，如果刀位水平确实不够，则有可能产生多处切不断而出现毛边的现象，因此，越是刀位密集的模切版，尽量采用小开幅，甚至有的可能采用 8 开面积版面的制版，但多数情况下，又要兼顾模切的加工效率，多采用 4 开幅面制版。为了确定模切版开度的灵活性，往往在小幅面印品的排列分布计算中，无论横向还是纵向，通常以偶数为原则，主要是方便印刷工艺的选择，既可以大幅面印刷，又可以小幅面模切。从图 3 –19 可以看

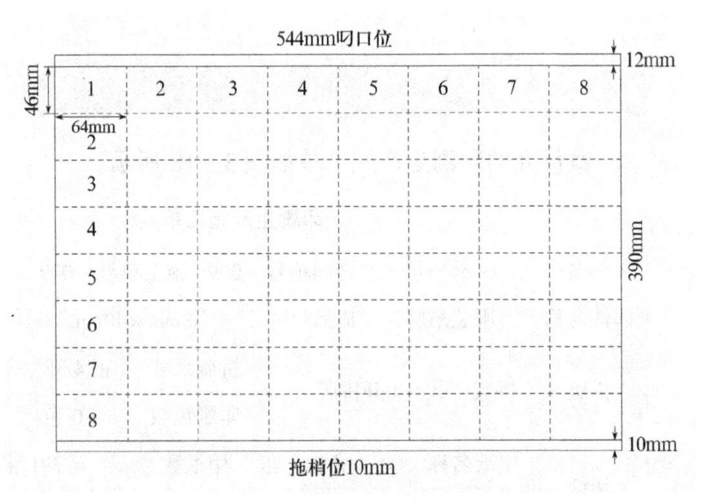

图 3 –19　儿童服饰吊牌 4 开拼版示意图

出偶数的排列，对于激光制版在面积较大时，成本较高，为降低这部分成本的支出，可考虑4开印刷，8开面积模切。

五、成本核算

（1）设计制作费（见表6－1），可参照商标设计稿，以个计算为1000元。

（2）印刷费（见表6－3），不足5000印次，以开机费计，四色四开印刷机开机费是550元/套。

（3）纸张费（见图3－18所示）：

基本用纸：100000个÷256开＝391张（全开）

损耗用纸：印刷损耗25张＋过UV油损耗25张＋模切损耗25张＝75张

200g/m^2白卡纸，以9800元/吨计：

200g/m^2×9800元/吨÷1163597（正度系数）＝1.69元/张

1.69元/张×（391＋75张）＝788元

（4）印后加工费：

①单面过UV油费（见表6－7），以全面普通UV油计，印刷正四开面积为

4.80元/m^2×（0.544m×0.39m）＝1.02元

100000个÷64个/四开＝1563张（四开）

1563张×1.02元/张＝1594元

②模切费（见表6－8），由于案例九图案有较大弧线弯曲角度，宜选择激光模切版，有利于模切质量达到要求。

激光模切版费500元＋模切加工费200元＋穿孔费200元＝900元

小计　1594元＋900元＝2494元

总计　1000元＋550元＋788元＋2494元＝4832元

4832元÷10万个＝0.048元/个

案例十　纸质规则吊牌跟单实例

一、案例说明

纸质小吊牌业务跟单实例如图 3－20 所示，从印件的五大要素来进行阐述。

①印品规格	100mm×75mm	④印刷色数	正面 4 色＋反面 4 色
②印品用料	200g/m² 白卡纸		
③印品数量	100000 个	⑤印后加工	双面过光油、模切、穿孔

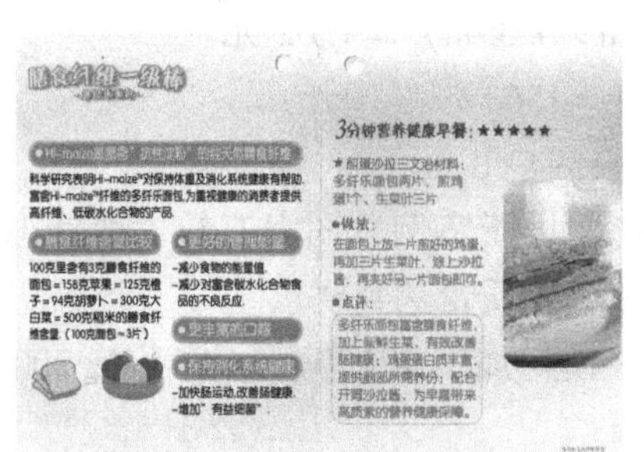

正面

反面

图 3－20　食品吊牌示意图

二、跟单工艺流程

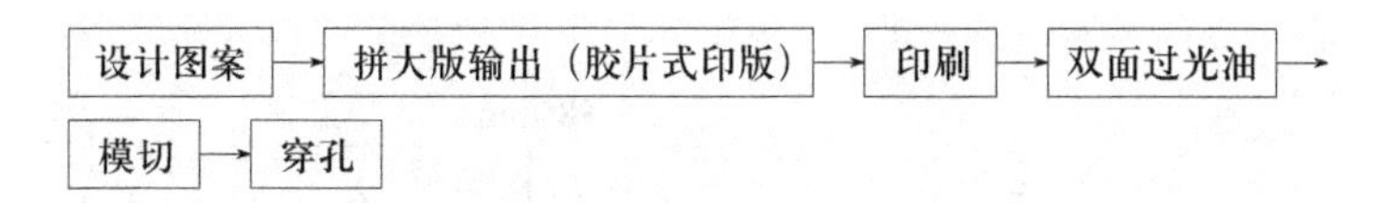

> **食品吊牌跟单注意事项**
>
> 吊牌的印刷一般小巧精致，特别是文字的印刷，有时候因为太过细小而失去商标印刷的意义，因为文字已无法辨认。当今的印刷水平似乎没有印不出来的东西，但是不会因为你的印品精致，而会运用放大镜来欣赏。文字的辨别一般不宜小于1mm×1mm的文字规格。我们人眼的正常视力以1.0为视力标准的话，在25～30cm的范围，可以辨认的最小距离为0.073mm，四舍五入为0.1mm。当文字的规格是1mm×1mm时，笔画的粗细已小于0.1mm，所以不借助放大镜，正常视力的人眼是无法辨认的。

三、阅读施工单

案例十的印刷生产施工单如图3－21所示。

印刷生产施工单

客户名称	××公司	合同单号	010	施工单号	010	交货期	×月×日
印件名称	服装吊牌	成品尺寸	100mm×75mm			印数	10万个
拼版	拼版方式：大对开拼版		拼版尺寸		大对开	印版件数	4块
			印刷色数		4+4色	开度	大112开
切纸	用纸名称	200g/m² 白卡纸	用纸数		893张（全开）		
	开纸尺寸	885mm×595mm	加放数		100（全开）		
印刷	印刷用纸	1986张（大对开）	印刷色数		（4+4）色		
	上机尺寸	大对开	下机数量		1900张（大对开）		
印后加工	双面过光油、模切、穿孔						
开单员		审核员				开单时间	×年×月×日

图3－21　案例十的印刷生产施工单

四、拼版图

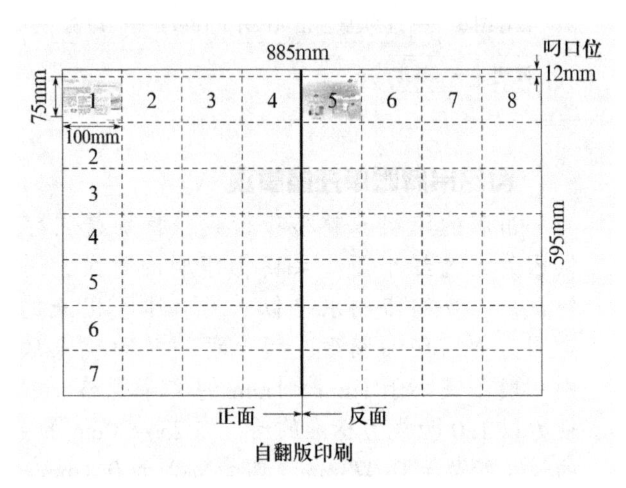

图 3－22 食品吊牌拼大版图

在确定拼大版的工艺方式上，两面印刷色彩是否同类。由图 3－20 可知，双面均由四色套印，即同类色调，因此尽量采用自翻版印刷，可减少一套印版的印刷工作量。自翻版的另一个条件，则必须是正反两面互为对称，即偶数原则，如果有一个单数出现，则无法对称印刷。如果案例的双面色调为不同类型的专色色系印刷，则自翻版印刷的采用是多此一举。

五、成本核算

（1）设计制作费（见表 6－1），可参照图片稿，不足 16 开面积以 16 开计算。

设计制作费：2 面 ×500 元/面 =1000 元

（2）纸张费（见图 3－20）：基本用纸：100000 个 ÷112 开 =893 张（全开）

损耗用纸：印刷损耗 50 张 + 过光油损耗 25 张 + 模切损耗 25

张 = 100 张

200g/m² 白卡纸，以 6000 元/吨计。

6000 元/吨 × 200g/m² ÷ 942093（大度系数） = 1.274 元/张

1.274 元/张 × （893 张 + 100 张） = 1265 元

（3）印刷费（见表 6 - 3）以对开开机费计（不足 5000 印次）1000 元。

（4）印后加工费：

①双面过光油费（见表 6 - 5）：

100000 张 ÷ 112 开 × 2 开 × 2 面 × 0.1 元/张 = 357 元

②模切费（见表 6 - 8）：

普通模切版费 200 元 + 模切加工费 300 元 + 对折页 200 元 + 穿孔费 200 元 = 900 元

小计　357 元 + 900 元 = 1257 元

总计　1000 元 + 1265 元 + 1000 元 + 1257 元 = 4522 元

　　　4522 元 ÷ 100000 个 = 0.045 元/个

单元四

包装类印刷品跟单实例

案例十一　折叠式化妆品包装跟单实例
案例十二　折叠式小药盒包装跟单实例
案例十三　心形包装盒跟单实例
案例十四　书形包装盒跟单实例

案例十一　折叠式化妆品包装跟单实例

一、案例说明

折叠纸盒在当今的包装印刷市场占有非常大的比重，特别是药品、化妆品及食品包装的重要选择。因其轻巧立面感好、成本低廉，且易于回收的环保特性，而被广泛采用。

折叠式包装印品（见图4－1），形式主要分为（a）上下交叉开盒［见图4－2（a）］；（b）上下同面开盒［见图4－2（b）］。折叠式包装印品多以上下交叉开盒为主。

图4－1　折盒样品

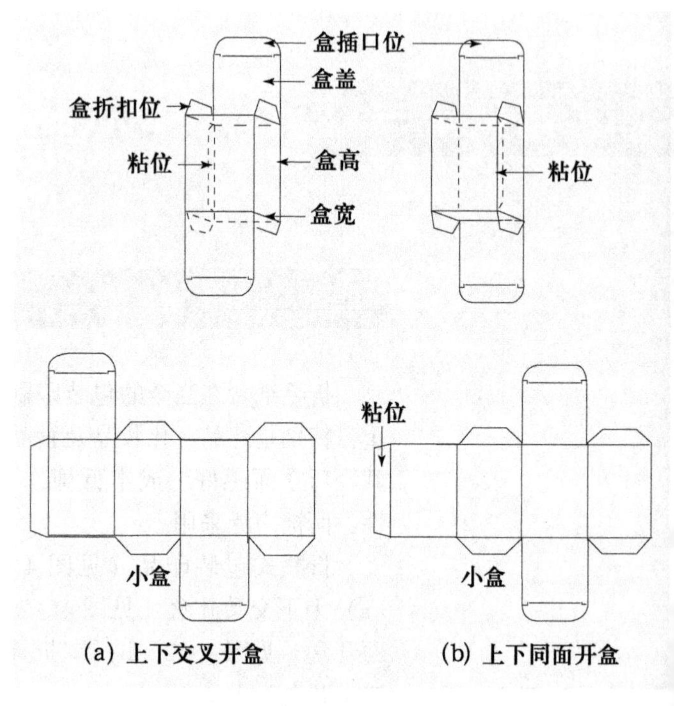

图4－2 有盖折盒的展开形式

从印件的五大要素来进行阐述。

①印品规格 长45mm×宽45mm×高200mm

②印品用料 250g/m² 银卡纸

③印刷数量 10000个

④印刷色数 正面专色印刷1色（专蓝）

⑤印后加工 单面过光油、模切、折叠粘盒

二、跟单工艺流程

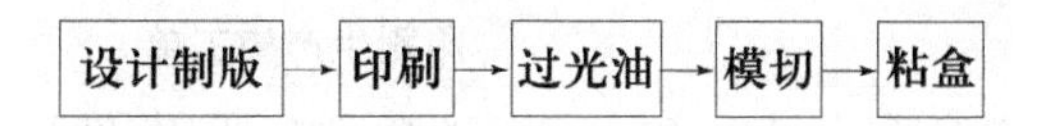

小包装盒跟单注意要点

①当纸盒是满版底色印刷时，由于银卡纸的吸墨性很差，因此会影响油墨的干燥时间，通常金、银卡纸的印刷干燥时间相对铜版纸要延长2～4倍，在油墨没有干透的情况下，任何的移动都将造成磨花或糊版，使印刷工作前功尽弃。所以干燥时间的掌握十分重要。

②银卡纸的印刷尽量避免线状物的多色套印，或多色套印后的反白。因为厚重且平滑的金、银卡纸在印刷运行中，受惯性影响会成倍增加套印误差。如果印机的正常套印误差是±0.1mm，此时即为±0.2 mm。设计的理想状态在此无法满足，客户转而有可能会一味地责备印刷企业的印刷水平，因此矛盾在所难免，岂知实在是有点强人所难。通常跟单员应认真了解图像特征，以便及时发现问题，能够在印刷前通过印前制版解决，使印刷变得更为轻松。

③纸盒的模切刀位与刀位之间，不能小于6mm。

④纸盒四条边位的压痕线距离必须相等，否则插口极易出现弧口，很不美观。

三、阅读施工单

案例十一的印刷生产施工单如图 4－3 所示。

印刷生产施工单

<table>
<tr><td>工程单编号</td><td>NO：011</td><td colspan="2">□新版□加印□代印□补印</td><td rowspan="2">交货数量</td><td rowspan="2">10000 个</td></tr>
<tr><td rowspan="2">客户名称</td><td rowspan="2">×××××公司</td><td>印件登记号码</td><td>1234</td></tr>
<tr><td>业　务</td><td>×××</td><td>交货日期</td><td>×月×日</td></tr>
<tr><td rowspan="2">印件名称</td><td colspan="2" rowspan="2">×××××公司化妆品蓝底折盒</td><td>页 数</td><td colspan="2"></td></tr>
<tr><td>成品规格</td><td colspan="2">长 45mm×宽 45mm×高 200mm</td></tr>
<tr><td>类别</td><td colspan="5">□瓦楞型盒 □精装盒 □书刊 □单张 □折页 □海报
□贴纸 □手袋 □精装书</td></tr>
</table>

<table>
<tr><td rowspan="5">版房</td><td>拼版方式</td><td>☑新版 □旧版 □按旧刀模 □按客户要求　胶片</td><td>□有改动　□复片</td></tr>
<tr><td>☑</td><td>清楚印件的工艺流程，拼版要有利于印刷及各工序生产，如有疑问需及时与业务部门沟通。印件有特殊要求及注意事项要及时通知各生产部门。复制、做样，标识按工艺要求</td><td rowspan="4">拼版示意图
大对开拼版
（3×3 方格）
叼口</td></tr>
<tr><td>☑</td><td>检查胶片与样是否相同，需改动的地方是否已修改，有无划痕、粘连现象</td></tr>
<tr><td colspan="2">☑ 签印　□等通知晒版　□换胶片　□改小版</td></tr>
<tr><td colspan="2">备注：</td></tr>
<tr><td>晒版</td><td colspan="2">☑　新版　3 号机　1 旧 号机　件
号机　1 旧 号机　件</td><td>☑遮幅　□加时</td></tr>
</table>

<table>
<tr><td rowspan="3">用纸品种</td><td rowspan="3"></td><td rowspan="3">数量
开纸要求</td><td colspan="2">颜色</td><td rowspan="3">印刷方法</td><td colspan="3">上机纸数量</td><td></td></tr>
<tr><td rowspan="2">正</td><td rowspan="2">反</td><td rowspan="2">正数</td><td colspan="2">补数</td><td></td></tr>
<tr><td>印刷</td><td>后工序</td><td>机台</td></tr>
</table>

封面	正度 250g/m^2 银卡纸	656 张 （大全开）	专蓝		单色印刷	1112 张	150 张	50 张	3 号
内文	度克纸	开							
	度克纸	开							
	度克纸	开　*							
	度克纸	开							
		开　*							

机房			
机房	☑跟准专色样品色、套印准确，印件要求高，注意损耗，印刷成品要标示清楚 □内文色条、色块、底色与样品要一致，印件墨色要均匀，不能时深时浅 ☑色位大的双胶纸、亚粉纸、特种纸印刷，一定要注意拖花、过底现象 备注：	☑跟	客户
		☑专	□跟＿样色 ☑跟专色
		用墨印刷顺序	
		难易程度	☑难　□中　□易

印后加工生产						
面处理	☑过光油	啤	☑新版　☑啤形　□电脑版	装订方式	□骑马订
面处理	□单面过光胶	啤	□旧版　□压线　□手工版	装订方式	□无线胶装
面处理	□双面过光胶	啤	□改版　□击凸　□按样	装订方式	□锁线胶装
面处理	□单面过亚胶	啤	□打孔　□压凹　☑按胶片	装订方式	□胶装 一式 联份/本
面处理	□双面过亚胶	啤	备注：按 4 开版制做模切版	装订方式	□打码
面处理	□磨　光	啤		装订方式	□切成品
面处理	□UV　□压纹	啤		包装方式	☑入箱　□打带　□表分装　□纸包　□分款　□出货收钱　☑送货　□自提
折页	□按来样	粘	除废	包装方式	
折页	□对　折	粘		包装方式	
折页	□二折三页	裱纸	□对裱	包装方式	
折页	□三折四页	裱纸	□贴纸	包装方式	
折页	□	裱纸	□	包装方式	要求　□订层纸箱　□箱
手袋	□打＿色	烫金		送货地址：×市×区×路×号	
手袋	□穿＿色＿绳	烫金			

发外		电话 联系人：××× 电话：12345678910	
开单	备注	校对	×××

图 4－3　案例十一的印刷生产施工单

四、拼版图

1. 拼版图决定上机印刷的尺寸

目的是方便确定纸张的丝缕方向。纸张的丝缕方向是由造纸过程中纸浆的流动而形成的纤维排列的方向。由于纤维本身的纵向与横向性质有较明显的不一致性，即纤维的横向伸缩几乎是纵向的2~8倍，如图4-4所示，因此，纸盒的拼版形式尽量使盒型的方向与纤维的方向保持垂直，如图4-5所示。以减轻盒盖插口位鼓状程度，保持美观。

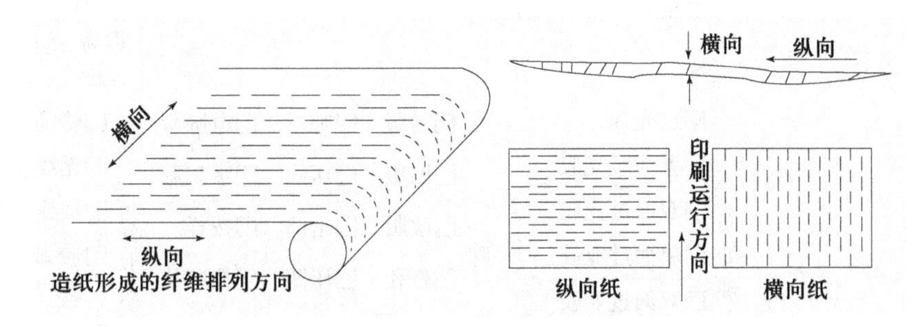

图4-4　纸张的纵、横向与印刷的关系

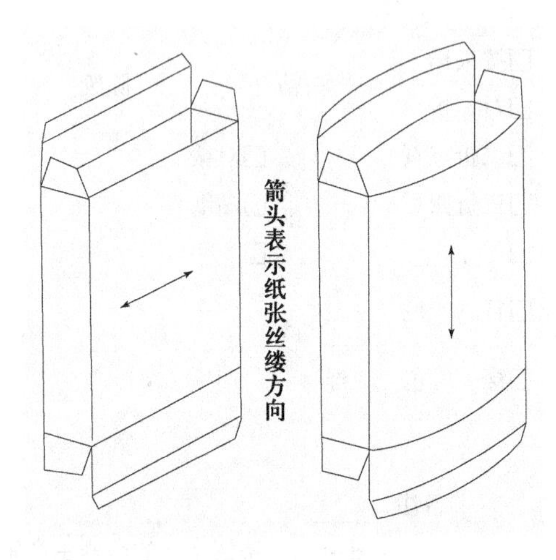

图4-5　纸张的纵、横向与盒型的关系

2. 折盒的插口与粘口尺寸

一般插口尺寸不得少于10mm，否则插口没有相应的力度。粘口尺寸不得少于8mm，否则粘贴力不够。当拼版的用纸距离少于叼口位的要求时，因为不想浪费纸张而减少粘口的距离，实际这是不可取的方法。印刷中有一种称做借叼口的方法应用在此较为合适。借叼口的方法是：粘口位因为不须印刷油墨而被借为叼口的方法。

3. 模切版的出血刀位与净刀位的选择

纸盒展开面积的印刷，当印刷底色为单一色铺展，且模切刀位均为直线位时，可采用省略掉3mm出血位的方法，这样两盒之间合计就是省略掉6mm的出血位距离（见图4－6）。特别是盒子小，拼版的数量多时，这是一笔不小的节约，即单位面积的利用率会高出不少。模切版的制版又可减少刀位安装的工作量，即两排刀位减为一排。

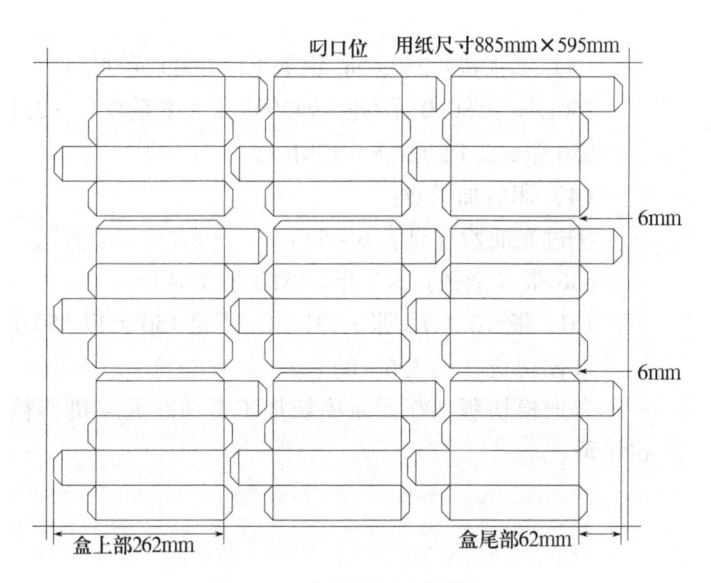

图4－6 化妆品纸盒拼版图

五、成本核算

（1）设计制作费（见表6－1，商标设计稿栏），1000元。

（2）印刷费（见表6－4）专色印刷栏，当油墨面积超过3/4以及金、银卡纸的印刷时，以320元/色令计。同时考虑是银卡纸印刷160元/色令。费用的计算为叠加计费。

因为油墨面积3/4以上基本属于实地印刷，特别是在银卡纸上印刷更有油墨匀度与干燥的难度。所以计费时为：

10000个÷18开＝556张（全开）

损耗用纸：印刷损耗75张＋模切损耗25张＝100张（全开）

（556张＋100张）×对开＝1312张（对开）

（320元/色令＋160元/色令）×1312张÷1000次/色令＝630元

印版费：50元

小计　630元＋50元＝680元

（3）纸张费：250g/m² 银卡纸以8000元/吨计

250g/m² ×8000元/吨÷942093（大度系数）＝2.12元/张

656张×2.12元/张＝1391元

（4）印后加工费：

①过光油费（见表6－5）：

656张（全张）×2开＝1312张（对开）

1312张×0.1元/张＝131元，不足150元以150元计。

②模切费（见表6－8）：

普通模切版200元＋模切加工费300元＋机器粘贴费120元＝620元

小计　150元＋620元＝770元

总计　1000元＋680元＋1391元＋770元＝3841元

　　　3841元÷10000个＝0.38元/个

案例十二　折叠式小药盒包装跟单实例

一、案例说明

折叠式小药盒突出了一个“小”字，意在规格的计算上，如何合理排位，工艺上如何最大限度的借位，省料。通过印刷工艺的巧用，往往会有不一样的结果。案例（见图4－7）阐述如下：

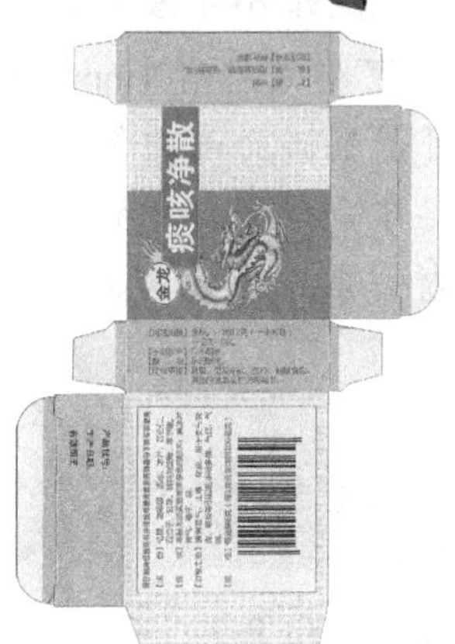

图4－7　小药盒样品

①印品规格　长56mm×宽56mm×高20mm

②印品用料　200g/m^2灰底白板纸

③印刷数量　10万个

④印刷色数　（4+0）色

⑤印后加工　单面过光油、模切、折叠粘盒

二、跟单工艺流程

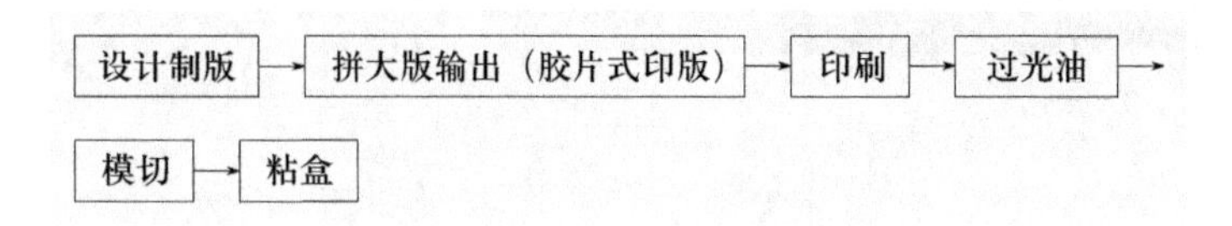

小药盒跟单要点：

①药盒的印刷，在图案的套印、色彩的艳度要求上，相对于化妆品包装盒要求略低。但对于药品包装盒上的文字说明，则要求清晰可辨，特别是有底色的文字，更要注意反差效果。通常在文字的表现上，反差越大越好。例如在C色70%网点字用衬底色为C30%时，则不能表现出两者之间的视觉差异，因为两色仅相差40%。原则上同色字的百分比色差，以大于70%为宜。即如果以红色M100%为字时，底色不宜大（深）于M30%。

②小包装盒设计文字的选用，印刷用小字最多的是宋体与细线体（细黑体）两类，当文字小到只有1mm^{2}左右时，宋体字的笔画，粗的地方还可辨别，而细的笔画则不是很清晰。如果选择细线体（细黑体）其字体的粗细一致性，使得文字的整体感会稳重明晰一点。因此当文字较小时，以选择细线体为宜。

三、阅读施工单

案例十二的印刷生产施工单如图4－8所示。

<table>
<tr><td>客户名称</td><td colspan="2">××公司</td><td colspan="2">合同单号：012</td><td colspan="2">施工单号：012</td><td>交货期</td><td>×月×日</td></tr>
<tr><td>印件名称</td><td colspan="2">痰咳净散小药盒</td><td colspan="4">成品尺寸：长 56mm×宽 560mm ×高 20mm</td><td colspan="2">印数：100000 个</td></tr>
<tr><td rowspan="2">拼版</td><td colspan="3" rowspan="2">拼版方式：见拼版图
正度对开拼版印刷、4 开模切</td><td>拼版尺寸</td><td>正对开</td><td>印版件数</td><td colspan="2">4 块</td></tr>
<tr><td>印刷色数</td><td>4+0 色</td><td>开度</td><td colspan="2">48 开</td></tr>
<tr><td rowspan="2">切纸</td><td>用纸名称</td><td colspan="2">200g/m² 灰底白卡</td><td>用纸数</td><td colspan="4">2084 张（全开）</td></tr>
<tr><td>开纸尺寸</td><td colspan="2">783mm×544mm</td><td>加放数</td><td colspan="4">100 张（全开）</td></tr>
<tr><td rowspan="2">印刷</td><td>印刷用纸</td><td colspan="2">200g/m² 灰底白卡</td><td>印刷色数</td><td colspan="4">4 色</td></tr>
<tr><td>上机尺寸</td><td colspan="2">正度对开</td><td>下机数量</td><td colspan="4">4300 张（对开）</td></tr>
<tr><td>印后加工</td><td colspan="8">单面过光油、制模切版并模切、折叠粘盒（见样板）</td></tr>
<tr><td>开单员</td><td colspan="2"></td><td>审核员</td><td colspan="2"></td><td>开单时间</td><td colspan="2"></td></tr>
</table>

图 4－8　案例十二的印刷生产施工单

四、拼版图

如图 4－9 所示，小药盒是上下交叉开盒形包装盒，因此拼版排列时，可以借位。即排位序列上的盒底与序列下的盒盖为同一位料。也就是规格计算中，只需要计算盒身上半部用料，一直排列到最后一个时，补上盒子的下盖部即可。其计算方法如下：

盒子的上半部高：长 56mm＋高 20＋舌位 10mm＋出血位 3mm＝89mm

盒子的下半部高：高 20mm＋舌位 10mm＋出血位 3mm＝33mm

盒子的总长：高 20mm＋长 56mm＋高 20mm＋宽 56mm＋粘贴位 10mm＝162mm

开度计算：（1094mm－4mm）÷162mm＝6.716（等份）

（6.716－6）×162mm＝116mm

即在纸张的长边上留够对开印刷的两个叼口位需 15mm×2＝30mm，116mm 的余数足够应用。

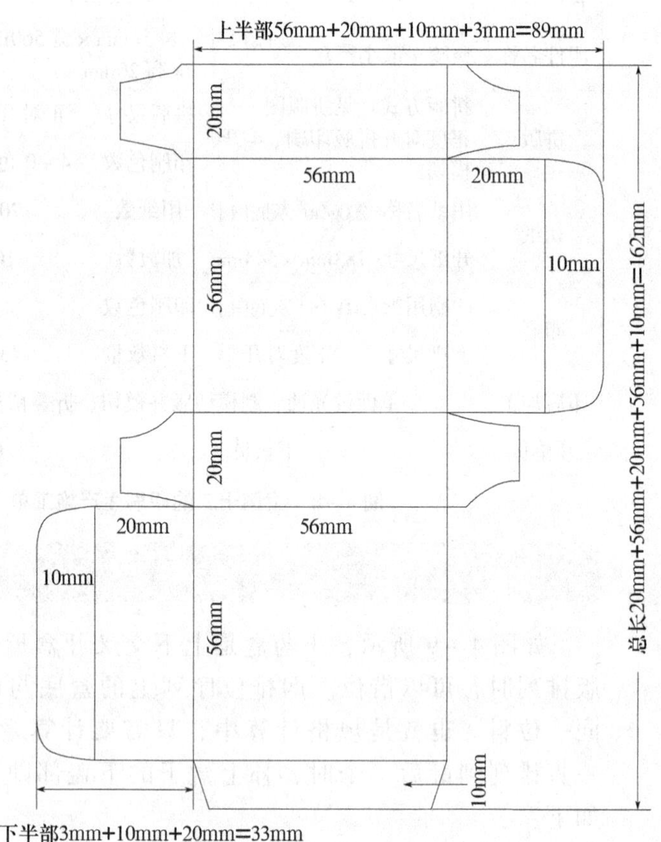

图4－9　小药盒平面分解图

（787mm－4mm）÷89mm＝8.79等份

（8.79－8）×89mm＝71mm

71mm－（33mm×2）＝5mm

余数，说明采用对开印刷、4开模切时，有两个盒子的尾数可以借位。见印刷拼大版（对开）图4－10。

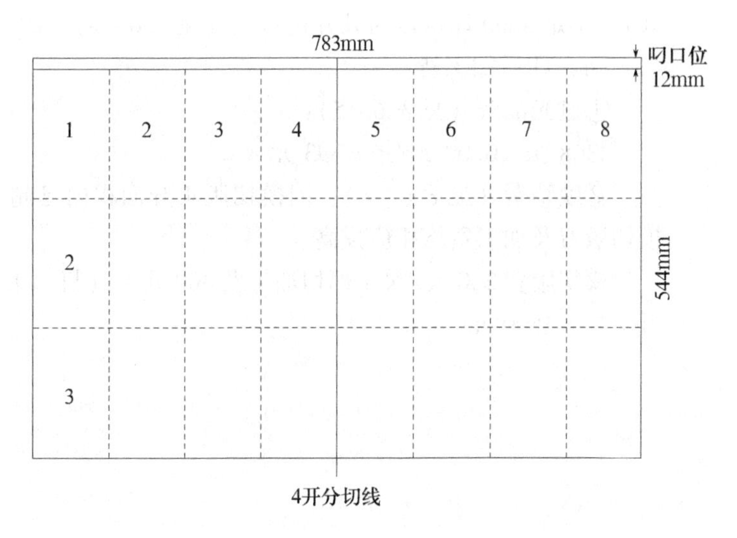

图4-10 对开印刷，4开模切拼大版示意图

通过拼大版图可知，对开面积拼了24个小盒子。通常当模切版内小盒子的排列数超过10个以上时，模切刀位密集，压力的调试与刀位的安装都存在操作难度。因此在本案例中，选用了对开印刷，4开模切的工艺方案，以降低模切工作难度，并可提高产品成品率。当然要满足此类方案的条件是：一为偶数，二为用料够位。

五、成本核算

（1）设计制作费（见表6-1，图片稿栏），500元。

（2）纸张费：200g/m^{2}灰底白板纸以3500元/吨计：

基本用纸：10万个÷48开=2084张（全开）

损耗用纸：印刷损耗50张+过光油损耗25张+模切损耗25张=100张（全开）

200g/m^2×3500元/吨÷1163597（正度系数）=0.6016元/张

0.6016元/张×（2084张+100张）=1314元

（3）印刷费：2184张（全开）×2（对开印刷）=4368张（对

开），不足5000印次以对开开机费计（见表6－3），1000元。

（4）印后加工费：

①过光油费（见表6－5）：

4368张×0.09元/张＝393元

②模切费（见表6－8），因模切版4开面积内已超过常规数量，模切版费及加工费均相应提高。

模切版费200元/块＋模切加工费400元＋（机粘120元/万×10万个）＝1800元

小计　393元＋1800元＝2193元

总计　500元＋1314元＋1000元＋2193元＝5007元

　　　5007元÷10万个＝0.05元/个

案例十三　心形包装盒跟单实例

硬盒多被当作工艺品盒，因此，其做工归于精致手工艺的范畴，通常会因为近距离欣赏，做工要求也较为细腻，如图 4 – 11 所示。

图 4 – 11　工艺盒样品

一、案例说明

如图 4－12 所示心形盒，从印件的五大要素来进行阐述。

图 4－12　心形天地盖工艺盒

① 外型规格　长20cm × 宽 18cm × 高 6cm

② 印刷用料　a. 面纸、围纸用料 140g/m² 日本胶版纸，b. 衬纸为 100g/m² 国产双胶纸，c. 板芯用料为 1230g/m²，2mm 厚灰纸板

③ 印刷色数　面纸 4 色印刷

④ 成品数量　5000 个

⑤ 印后加工　面纸模切、裱糊、镶嵌磁扣

二、跟单工艺流程

硬盒通常指有面纸、灰纸板、内围衬纸三层合而为一的立体形纸盒。因此，其跟单工艺流程也分为三个部分。纸盒内的装饰性衬物较为复杂，有衬纸架托、色丁布托、吸塑托、植绒吸塑托等不同的加工材料，在此不一一列举，仅针对印刷企业制作硬盒的加工工艺流程阐述如下。

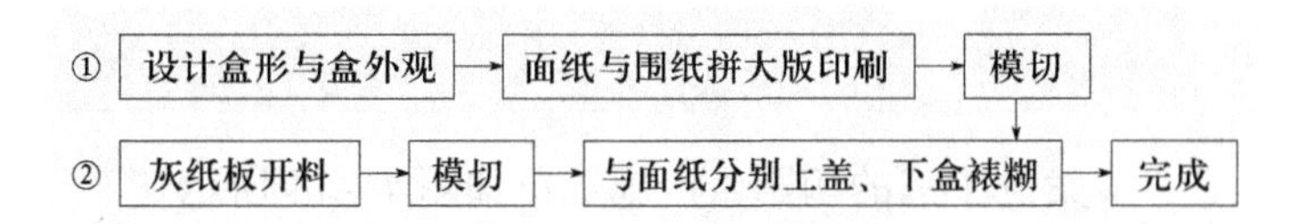

跟单注意事项

① 面纸与围纸的应用，原则上应为同类纸张，安排在同一套印版印刷，如果围纸无须印刷，也尽量与面纸安排在同一块模切版上，这样可以节约多出的一套模切版，还可以节约模切的加工费用。

② 灰纸板的面积无论大小均须模切加工，而不可以采用切纸机的方法进行裁切。因为切纸机的裁切方法，很难保证裁切矩形时可以达到精确的90°角。工艺盒制作时的任何角度的不对称，都无法保证盒子的立面规整。

③ 面纸与灰纸板的裱糊质量，关键在于不能有起泡现象。

④ 纸盒外立面形状的选用：如图4－13所示，(a_1) 外立面无凹槽，外表立挺、美观，工艺难度较大，费用相对较高；(a_2) 外立面有凹槽，但制盒工艺简单。图 (b) 主要用于木制工艺盒的开边，特别是心形盒，六边形盒等异形盒包装，材料硬度越高，角位立面越好。

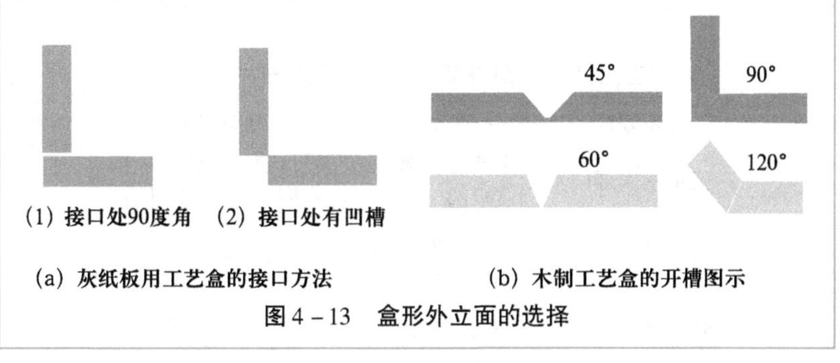

(a) 灰纸板用工艺盒的接口方法　　(b) 木制工艺盒的开槽图示

图4－13　盒形外立面的选择

三、阅读施工单

案例十三的印刷生产施工单如图 4－14 所示。

印刷生产施工单

印件名称	艺沣工艺纸盒		客户名称	××公司		
印件类别	心形包装盒	开单时间	×年×月×日	交货时间	×年×月×日	
成品尺寸	长 20cm×宽 18cm×高 6cm		成品数量	5000 个	成品开度	开
原稿	图片 2 幅					
项目	面纸、围纸	衬纸	灰纸板	完成时间		
纸张名称(克重)	140g/m^2 日本胶版纸	100g/m^2 双胶纸	1230g/m^2 灰纸板	×月×日		
纸张规格	787mm×1092mm	787mm×1092mm	787mm×1092mm	×月×日		
用纸数量	1667 张＋100 张	834 张＋20 张	834 张＋20 张	×月×日		
印刷色数	4 色			×月×日		
拼版方式	正 3 开拼版			×月×日		
印刷版数	对开 4 块			×月×日		
裁纸尺寸	780mm×360mm			×月×日		
印刷机台	3 号机			×月×日		
印刷色序	正常			×月×日		
印后加工：面纸加工	与围纸同版模切规格：780mm×360mm 完成时间：× 月 × 日 灰纸板模切规格 心形外壳 540mm×400mm 盒围边 330mm×480mm					
印后加工：加工说明	面纸印刷完成后与灰纸板裱糊					
包装方式	纸箱包装					
工单发送部门	□生产管理部 □设计部 □印刷部 □印后加工部 □质检部 □仓库 □采购部					
跟单员		负责人		备注		
业务员		负责人		备注		
制单员		负责人		备注		

图 4－14 案例十三的印刷生产施工单

四、心形天地盖盒操作状态图

普通硬盒的粘盒工艺流程如图 4－15 所示。

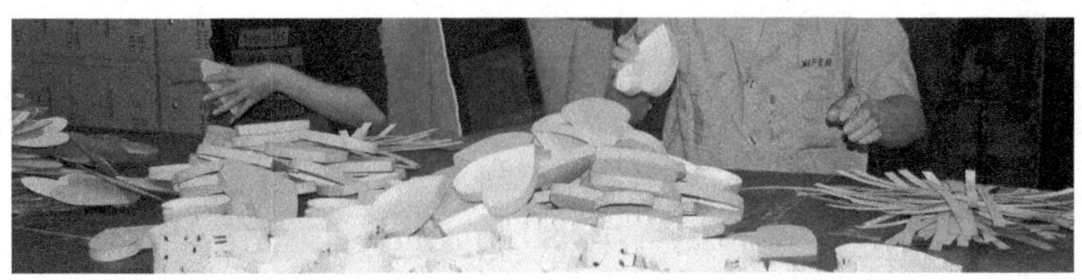

图 4－15 心形天地盖盒操作状态图

五、拼版图

印刷拼大版，通常模切边也可以大版面积模切。因为面纸裱糊操作时，有许多内贴的边位部分对模切的精度要求并不很高。而灰纸板的模切则要精益求精，因为灰纸板起到的是骨架的作用，平行线不平行，就会带来盒子成型的扭曲。对于心形盒的对称性要求，也要格外注意，所以灰纸板的开料与模切往往是分版进行（见施工单图4－14和图4－16、图4－17）

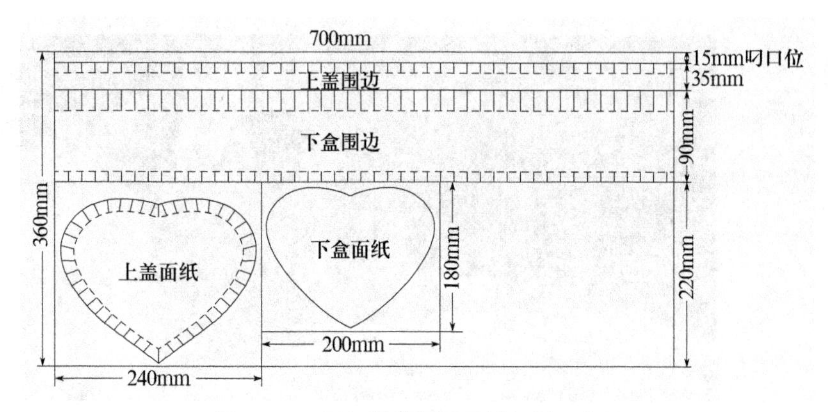

图4－16　面纸拼大版图及模切版示意图

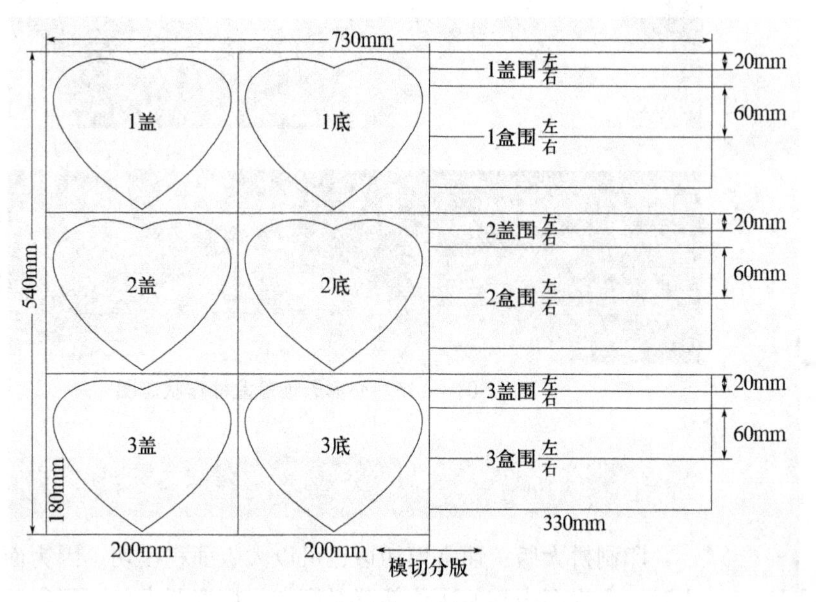

图4－17　灰纸板开料模切示意图

六、成本核算

(1) 设计制作费（见表6-1），包装设计是一个单列的项目，有着包装行业的行规，费用的计算中，除了图案的设计，还有着外观设计的要求，甚至还有选材的设计。所以仅参照表6-1是不够的。因为包装是一个大类，在此不能一一表述，仅根据印刷行规，提出一个参考设计制作费2000元。

(2) 材料费：

①面纸材料费：140g/m² 日本胶版纸，9100元/吨计，根据图4-14施工单所示：

1767张×9100元/吨×140g/m²÷1163597（正度系数）=1935元

②内封纸材料费：100g/m² 国产双胶纸以6500元/吨计，根据图4-14施工单所示：

854张×100g/m²×6500元/吨÷1163597（正度系数）=477元

③灰纸板材料费：1230g/m² 荷兰青蛙灰纸板以5200元/吨计，根据图4-14施工单所示：

854张×1230g/m²×5200元/吨÷1163597（正度系数）=4694元

小计 1935元+477元+4694=7106元

(3) 印刷费（见表6-3）：

1767张×3开印刷=5301张，可参照对开机开机费1000元计

(4) 印后加工费：

①模切费（见表6-10）：

a. 面纸模切版费150元+面纸模切加工费150元=300元

b. 灰纸板模切版费（100元×2）+灰纸板模切加工费（150元×2）=500元

小计 300元+500元=800元

②裱糊费：

a. 内封纸与灰板纸裱糊费，因为是大版面裱糊以上裱糊机裱糊为主。

854 张 ×1 元/张 = 854 元

b. 上盖面纸与上盖灰纸板裱糊（参照表 6 – 10 内不规则异形盒单价）

$22\text{cm} \times 24\text{cm} \times 0.0015$ 元/cm^2 = 0.792 元/个

0.792 元/个 ×5000 个 = 3960 元

c. 下盒面纸与下盒灰板纸裱糊：

$20\text{cm} \times 18\text{cm} \times 0.0015$ 元/cm^2 = 0.54 元/个

0.54 元/个 ×5000 个 = 2700 元

d. 上盖围边与下盖围边的裱糊面积：

［（3.5cm ×70cm） + （8cm ×70cm）］ ×0.0015 元/cm^2

= 805cm^2 ×0.0015 元/个 = 1.2075 元/个

5000 个 ×1.2075 元/个 = 6038 元

小计　854 元 + 3960 元 + 2700 元 + 6038 元 = 13552 元

③灰纸板的拼接费：心形盒的拼接，由灰纸板模切版图可知，每个上盖有两个边围的拼接，下盒也有两个围边的拼接，因此整个盒子的上盒有 3 拼，下盒也有 3 拼，见表 6 – 10，为：

6 拼 ×0.1 元/拼 = 0.60 元

0.60 元 ×5000 个 = 3000 元

印后加工费小计：800 元 + 13552 元 + 3000 元 = 17352 元

（5）总计费用：

2000 元 + 7106 元 + 1000 元 + 17352 元 = 27458 元

27458 元 ÷5000 个 = 5.50 元/个

案例十四　书形包装盒跟单实例

一、案例说明

如图 4－18 所示书形盒，从印件的五大要素来进行阐述。

图 4－18　书形工艺盒

① 外型规格　长 25cm × 宽 18cm × 高 9cm

② 印刷用料　面纸 150g/m^2 双胶纸、围纸与衬纸用料 120g/m^2 彩纹纸，板芯用料 1420g/m^2（2mm 厚）灰纸板

③ 印刷色数　面纸专色

④ 成品数量　2000 个

⑤ 印后加工　面纸模切、裱糊、粘贴盒扣

面纸印刷、裱糊面积

长 9cm + 18cm + 9cm + 18cm + 3cm + 13mm = 70cm

宽 25cm + 3cm = 28cm

$70\text{cm} \times 28\text{cm} = 1960\text{cm}^2$

盖内衬彩纹纸裱糊面积

长（25 - 1）cm × 宽（18 - 1）cm = 24cm × 17cm = 408cm^2

外围彩纹纸裱糊面积

长（18cm + 25cm + 18cm + 4cm）×宽（9 + 3）cm = 65cm × 12cm = 780cm^2

内围彩纹纸裱糊面积

长（25cm + 18cm + 25cm + 18cm + 2cm）×宽（9 - 0.5）cm = 88cm × 8.5cm =（44 × 2）cm × 8.5cm = 748cm^2

二、跟单工艺流程图及拼版图

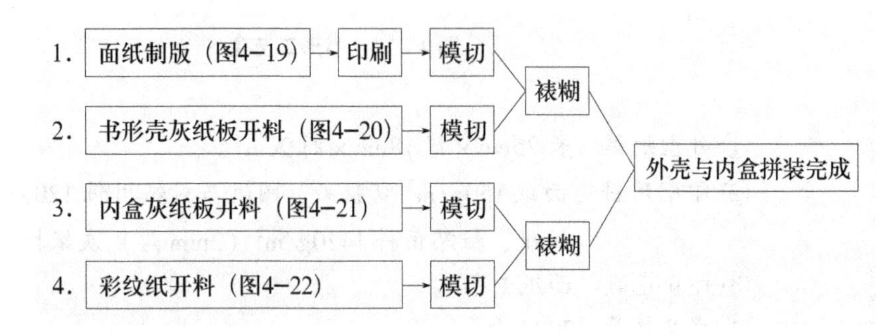

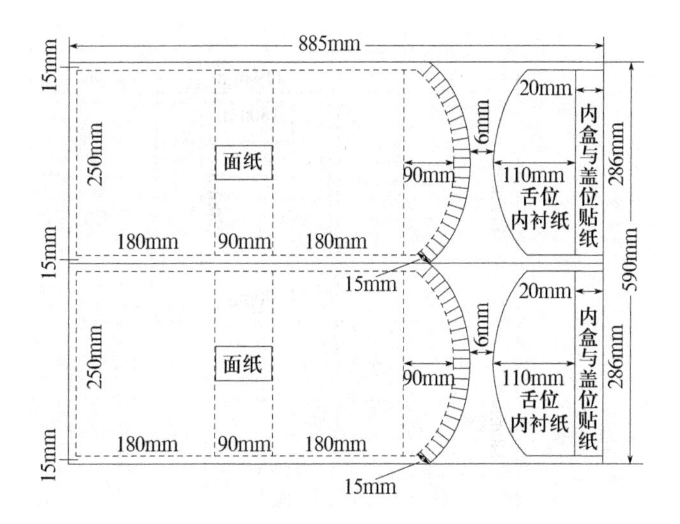

图 4－19　面纸大对开印刷拼版图

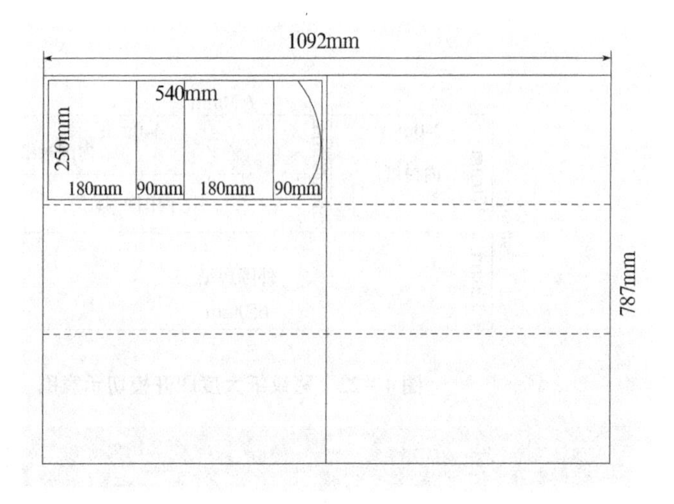

图 4－20　书形壳灰纸板开料及模切版示意图

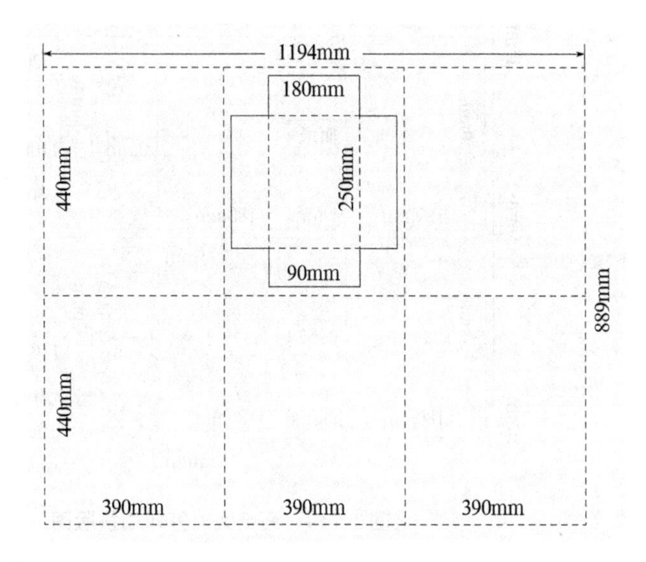

图 4－21　内盒灰板纸开料图及模切示意图

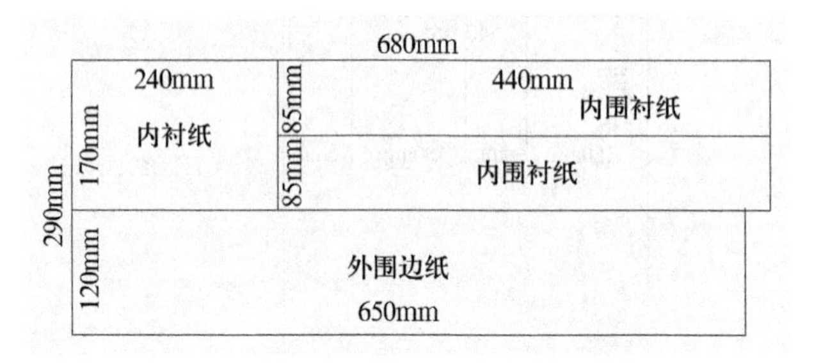

图 4－22　彩纹纸大度四开模切示意图

三、阅读施工单

案例十四的印刷生产施工单如图 4－23 所示。

印刷生产施工单

<table>
<tr><td colspan="2">印件名称</td><td colspan="2">红石榴工艺纸盒</td><td>客户名称</td><td colspan="3">××公司</td></tr>
<tr><td colspan="2">印件类别</td><td>包装盒</td><td>开单时间</td><td>年×月×日</td><td>交货时间</td><td colspan="2">×月×日</td></tr>
<tr><td colspan="2">成品尺寸</td><td colspan="2">长25cm×宽18cm×高9cm</td><td>成品开度</td><td>开</td><td>成品数量</td><td>2000个</td></tr>
<tr><td colspan="2">原稿</td><td colspan="6">图片4幅</td></tr>
<tr><td colspan="2">项目</td><td colspan="2">面纸</td><td>衬纸、围纸</td><td colspan="2">灰纸板</td><td>完成时间</td></tr>
<tr><td colspan="2">纸张名称</td><td colspan="2">150g/m² 双胶纸</td><td>120g/m² 彩纹纸</td><td colspan="2">1420g/m² 灰纸板</td><td>×月×日</td></tr>
<tr><td colspan="2" rowspan="2">纸张规格</td><td colspan="2" rowspan="2">889mm×1194mm</td><td rowspan="2">787mm×1092mm</td><td colspan="2">889mm×1194mm</td><td rowspan="2">月×日</td></tr>
<tr><td colspan="2">787mm×1092mm</td></tr>
<tr><td colspan="2" rowspan="2">用纸数量</td><td colspan="2" rowspan="2">500张+100张</td><td rowspan="2">667张+50张</td><td colspan="2">334张+16张=350张</td><td rowspan="2">×月×日</td></tr>
<tr><td colspan="2">334张+16张=350张</td></tr>
<tr><td colspan="2">印刷色数</td><td colspan="2">1专色</td><td></td><td colspan="2"></td><td>×月×日</td></tr>
<tr><td colspan="2">拼版方式</td><td colspan="2">大对开拼版</td><td></td><td colspan="2"></td><td>×月×日</td></tr>
<tr><td colspan="2">印刷版数</td><td colspan="2">对开1块</td><td></td><td colspan="2"></td><td>×月×日</td></tr>
<tr><td colspan="2">裁纸尺寸</td><td colspan="2">595mm×885mm</td><td>360mm×700mm</td><td colspan="2"></td><td>×月×日</td></tr>
<tr><td colspan="2">印刷机台</td><td colspan="2">4号机</td><td></td><td colspan="2"></td><td>×月×日</td></tr>
<tr><td colspan="2">印刷色序</td><td colspan="2">正常</td><td></td><td colspan="2"></td><td>×月×日</td></tr>
<tr><td rowspan="2">印后加工</td><td>面纸加工</td><td colspan="6">面纸模切规格 286mm×700mm 围纸与衬纸的模切规格：680mm×290mm
灰纸板模切规格 外壳540mm×260mm 内围盒390mm×440mm
完成时间 ×月×日</td></tr>
<tr><td>加工说明</td><td colspan="6">面纸印刷完成后与灰纸板裱糊；盒子成型后，放盒内底托</td></tr>
<tr><td colspan="2">包装方式</td><td colspan="6">纸箱包装</td></tr>
<tr><td colspan="2">工单发送部门</td><td colspan="6">□生产管理部 □设计部 □印刷部 □印后加工部
□质检部 □仓库 □采购部</td></tr>
<tr><td>跟单员</td><td colspan="2"></td><td colspan="2">负责人</td><td colspan="3">备注</td></tr>
<tr><td>业务员</td><td colspan="2"></td><td colspan="2">负责人</td><td colspan="3">备注</td></tr>
<tr><td>制单员</td><td colspan="2"></td><td colspan="2">负责人</td><td colspan="3">备注</td></tr>
</table>

图4-23 案例十四的印刷生产施工单

四、成本核算

（1）设计制作费（参照案例十三）2000 元。

（2）材料费：

①面纸材料费：150g/m² 日本胶板纸，9100 元/吨，根据图4－23施工单所示：

150g/m² ×9100 元/吨 ÷942093（大度系数） ×600 张 =870 元

②灰纸板材料费：1420g/m² 国产灰纸板，以 3400 元/吨计，根据图 4－23 施工单所示：

1420g/m² ×3400 元/吨 ÷1163597（正度系数） ×350 张 =1452 元

1420g/m² ×3400 元/吨 ÷942093（大度系数） ×350 张 =1794 元

小计　1452 元 +1794 元 =3246 元

③彩纹纸材料费：120g/m² 彩纹纸，以 1.50 元/张计，根据图 4－23施工单所示：

717 张 ×1.50 元/张 =1076 元

材料费合计：870 元 +3246 元 +1076 元 =5192 元

（3）印刷费（见表 6－4 专色印刷）以 500 元计。

（4）印后加工费：

①模切费（见表 6－8）：

a. 面纸模切版费 150 元 + 模切加工费 150 元 =300 元

b. 灰纸板模切版费（100 元 ×2 块） + 加工费（150 元 ×2 次） =500 元

c. 彩纹纸模切版费 150 元 + 加工费 150 元 =300 元

小计　300 元 +500 元 +300 元 =1100 元

②裱糊费：

a. 面纸裱糊费：（见 p117）：

70cm ×28cm ×0.0006 元/cm² ×2000 个 =2352 元

b. 彩纹纸裱糊费：（见表 6－9）：

$29cm \times 68cm \times 0.006$ 元/cm^2 $\times 2000$ 个 $= 2366$ 元

小计　2352 元 + 2366 元 = 4718 元

③灰纸板的拼接费（见表 6 - 10）：

书形盒的拼接：由灰纸板模切图 4 - 21、4 - 22 可知，壳有 4 拼，内盒有 5 拼，最后装盒拼入壳内为一拼，共计 10 拼

10 拼 × 0.10 元/拼 × 2000 个 = 2000 元

④加磁吸扣（见表 6 - 10）：

0.15 元/对 × 2000 个 = 300 元

以上合计：1100 元 + 4718 元 + 2000 元 + 300 元 = 8118 元

（5）费用总计：

2000 元 + 5192 元 + 500 元 + 8118 元 = 15810 元

15810 元 ÷ 2000 个 = 7.90 元/个

单元五

其他印品的跟单实例

案例十五　地图类印品跟单实例
案例十六　不干胶标签类印品跟单实例

案例十五 地图类印品跟单实例

一、案例说明

地图印刷相对于一般的印刷产品，由于其负载的信息层面多且内容繁杂，在版面结构的编辑上应用了多层面编辑技术。因此，现代印刷技术大大提高了地图印刷技术层面的要求。例如：交通游览图，突出道路架构，使其表现不同道路网的结构特征与通行现状；风景旅游图，突出地貌山水架构特征，其余为景点介绍，以服务网点为主。因此不同层面内容的表现，是由粗及细的技术手段实现的。印刷时，表现它们之间的反差，就显得十分重要。

制作地图的电脑软件与普通印刷品设计软件有所不同。大多数印刷平面设计软件有 Adobe Photoshop、PDF 等，而地图编辑软件通常采用 FreeHand、Illustrator、MAPGLS、CorelDraw 等地图软件来完成制作和输出印版。因此印前设计制作的工作量与注意事项，相对一般印刷品的版面结构内容会多出许多，又因为地理信息的专业知识过于繁杂，因此不作印前跟单的详细阐述，仅针对印刷的事项做一些介绍。如图 5－1 所示，从印件的五大要素进行阐述。

图 5－1　地图示例

①成品规格　长 585mm × 宽 440mm

②印刷材料　157g/m² 双铜纸

③印刷数量　10000 张

④印刷色数　(4＋4) 色

⑤印后加工　折叠

二、跟单工艺流程

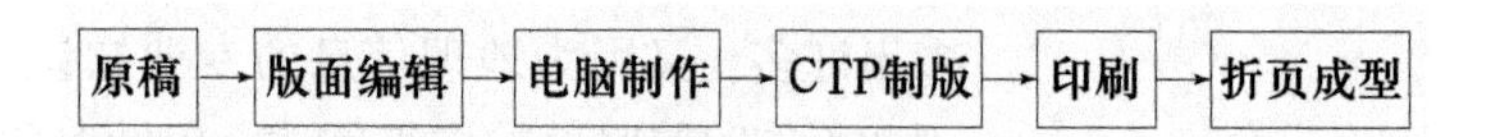

地图印刷跟单注意事项

①纸张选用多以平滑度较高为佳，因为地图的信息负载量较大，若采用非常细小的文字和平滑度不高的纸张，将影响版面清晰度，不易阅读。

②油墨的选用，要求选用较高品质油墨为好。

③平滑度较高的亚粉纸印刷，注意堆码不宜过高，以免产生粘脏现象。

④当一面印刷时，尽量减少喷粉量，因为地图以浅网居多，喷粉量大会给另一面的印刷带来麻烦。

⑤印刷速度不宜太快，特别是不宜忽快忽慢，会大大影响色差的表现。以至于平网的色调忽深忽浅，质量很不稳定。

⑥地图的套印精度要求很高，因为多以线条及文字为主，而且为了表现不同层次的内容而采用二色或三色套印。同样的套印误差量，线状物比图像更趋明显，重影现象更严重，因此它会相应降低印品的质量。为了弥补这个套印的显差现象，只有相应提高套印精度，尽量在编辑设计时减少套印色数。

⑦地图外围裁切尺寸与安全距离的把握。通常地图的边沿会注明道路的通行方向，此处文字说明与地图边界应以距离裁切线5 mm内进为安全距离，以免在裁切时，出现裁切误差，而不知文字指向。

三、阅读施工单

案例十五的印刷生产施工单如图 5－2 所示。

印刷生产施工单

<table>
<tr><td>印件名称</td><td colspan="2">××市地图</td><td colspan="2">客户名称</td><td colspan="5">××地图出版社</td></tr>
<tr><td>印件类别</td><td>地图类</td><td>开单时间</td><td colspan="2">×年×月×日</td><td colspan="2">交货时间</td><td colspan="3">××年×月×日</td></tr>
<tr><td>成品尺寸</td><td colspan="2">585mm×440mm</td><td colspan="2">成品数量</td><td colspan="2">1 万张</td><td colspan="2">成品开度</td><td>大 4 开</td></tr>
<tr><td>原稿</td><td colspan="9">图片 10 张</td></tr>
<tr><td>项目</td><td colspan="3">封面、封底</td><td colspan="2">内页</td><td colspan="2"></td><td colspan="2">完成时间</td></tr>
<tr><td>纸张名称</td><td colspan="3">157g/m² 双铜纸</td><td colspan="2"></td><td colspan="2"></td><td colspan="2">×月×日</td></tr>
<tr><td>用纸规格</td><td colspan="3">1194mm×889mm</td><td colspan="2"></td><td colspan="2"></td><td colspan="2">×月×日</td></tr>
<tr><td>用纸数量</td><td colspan="3">2500＋50＝2550（张）</td><td colspan="2"></td><td colspan="2"></td><td colspan="2">×月×日</td></tr>
<tr><td>印刷色数</td><td colspan="3">（4＋4）色</td><td colspan="2"></td><td colspan="2"></td><td colspan="2">×月×日</td></tr>
<tr><td>拼版方式</td><td colspan="3">对开拼自翻版</td><td colspan="2"></td><td colspan="2"></td><td colspan="2">×月×日</td></tr>
<tr><td>印刷版数</td><td colspan="3">大对开×4 块</td><td colspan="2"></td><td colspan="2"></td><td colspan="2">×月×日</td></tr>
<tr><td>裁纸尺寸</td><td colspan="3">885mm×595mm</td><td colspan="2"></td><td colspan="2"></td><td colspan="2">×月×日</td></tr>
<tr><td>印刷机台</td><td colspan="3">1 号机</td><td colspan="2"></td><td colspan="2"></td><td colspan="2">×月×日</td></tr>
<tr><td>印刷色序</td><td colspan="3">正常</td><td colspan="2"></td><td colspan="2"></td><td colspan="2">×月×日</td></tr>
<tr><td>印后加工</td><td colspan="9">折叠地图</td></tr>
<tr><td>包装方式</td><td colspan="9">纸箱包装</td></tr>
<tr><td>工单发送部门</td><td colspan="9">□生产管理部 □设计部 □印刷部 □印后加工部
□质检部 □仓库 □采购部</td></tr>
<tr><td>跟单员</td><td colspan="2"></td><td colspan="3">负责人</td><td colspan="4">备注</td></tr>
<tr><td>业务员</td><td colspan="2"></td><td colspan="3">负责人</td><td colspan="4">备注</td></tr>
<tr><td>制单员</td><td colspan="2"></td><td colspan="3">负责人</td><td colspan="4">备注</td></tr>
</table>

图 5－2 案例十五的印刷生产施工单

四、拼版图

图5－3为地图案例的对开拼版图。

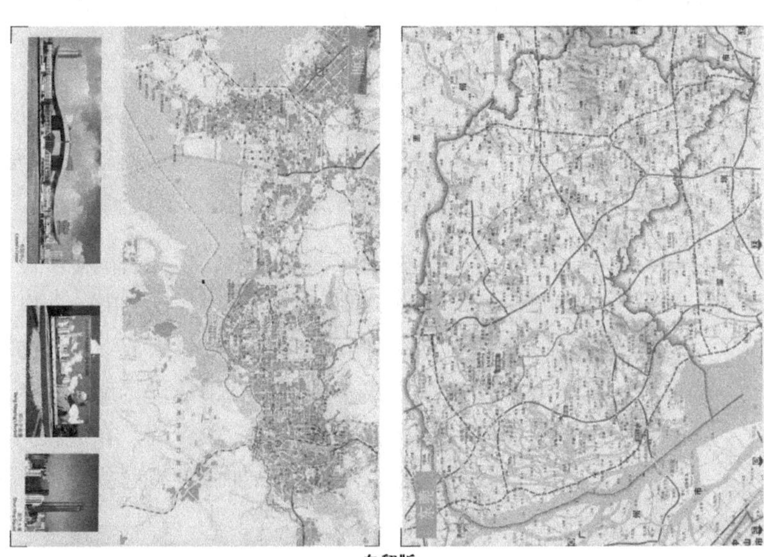

自翻版

图5－3 地图案例的对开拼版图

五、成本核算

（1）设计制作费（见表6－1）：

2000元×2面＝4000元

（2）材料费：

$157g/m^2$双铜纸，以6000元/吨计，根据图5－2施工单所示

$157g/m^2$×6000元/吨÷942093（大度系数）×2550张＝2550元

（3）印刷费（见表6－3）以对开开机费计1150元

（4）印后加工折叠费：10000张×0.02元/张＝200元

合计 4000元＋2550元＋1150元＋200元＝7900元

7900元÷10000张＝0.79元/张

案例十六 不干胶标签类印品跟单实例

一、案例说明

目前不干胶标签的主要的印刷方式有平版印刷、柔版印刷、丝网印刷；有印前涂胶与印后涂胶；可在一台印刷机上一气呵成（见图5－4）。由于印刷方式多样，案例不能详尽所有，因此，跟单仅以平印方式做一些简单介绍。在此仅对不干胶标签种类以及不同产品加工的特殊要求做一些基本介绍。

①成品规格 525mm×332mm

②印刷材料 不干胶铜版纸

③印刷数量 10000张

④印刷色数 4色

⑤印后加工 模切

图5－4 不干胶标签

二、跟单工艺流程

不干胶标签印刷注意事项

①不干胶材料的选用以黏力好、剥离性强的为好（如强黏型丙烯类胶黏剂），可长久粘贴。

②不干胶的使用温度范围：-20～70℃。

③不干胶面材选择：

- 纸类
  - 铜版纸
  - 合成纸
  - 热敏纸
- 塑料薄膜类
  - PET（聚酯）
  - PE（聚乙烯）
  - BOPP（双轴向拉伸聚丙烯薄膜）

塑料薄膜类不干胶标签的示意图如图5-5所示。

④不干胶条码的打印：

- 面材为铜版纸的宜选用混合基碳带打印条码
- 面材为合成纸的必须选用树脂基带打印条码

图5-5 塑料薄膜类不干胶标签

⑤标签防伪印制技术
- 防伪印刷材料
  - A 防伪承印物
  - B 防伪油墨
- 防伪版纹设计工艺
- 防伪印刷工艺
- 信息防伪

注：A. 防伪承印物——水印纸、安全线纸、镭射防伪纸、红蓝纤维丝纸、彩点加密纸、化学加密纸、聚酯类泡沫薄膜等。

B. 防伪油墨——磁性油墨、温变油墨、荧光油墨、压敏油墨、防涂改油墨、光变油墨、生化反应油墨、化学加密油墨、无红外吸收油墨。

在防伪标签印刷中，经常要将几种防伪油墨相结合印刷，从而得到多重防伪效果。同时，这些防伪油墨适用于平印、凹印、凸印、丝印、柔印等多种印刷方式。

⑥不干胶材料在平版印刷中，压力的调节应相应降低，因为平印机的压力较大，印刷不干胶会产生面纸与底纸的位移，使印刷套印不良。

⑦不干胶标签印制、模切工序十分重要。多数不干胶模切工艺都是对不干胶标签材料进行半切穿的方式，即只切穿不干胶材料的面材层和胶黏剂层，而不切穿底纸层。不干胶模切的方式，分为平压平模切与圆压圆模切两类。平压平模切多以离线加工为主，而圆压圆模切则多以连线加工为主。

a. 不干胶平版印刷多为平压平式的离线模切加工。通常是模切完成后，另行人工排废或整体多模版面不排废，直接交由顾客处理。因此，跟单工作，应抽检模切切线的断裂现象，是否出现切不断或切线不均产生的切痕不光滑现象。当模切线出现毛边时，应调整模切刀的安装，说明刀位有深浅不一现象，从而产生刀的压力有大有小，所以有的地方被切断而有的未切断，未切断的地方产生联连现象。当模切刀口缺损，也会出现局部的联连。

b. 不干胶的胶黏剂。当达到30℃以上较高温度时，胶黏剂容易溢出面材边沿，使得印刷输纸时无法分离，而形成多纸输纸，容易压坏橡皮布，使压印滚筒产生变形。所以，输纸前先用少量的滑石粉，将不干胶待印纸的四边涂抹后，松一遍纸，使四边的粘连现象完全排除，方可上机印刷。如果能在印刷车间安装空调，则更为理想。

c. 联机加工的不干胶排废顺利与否应是一个综合问题。首先不干胶多模块模切的排版，是否注意到排废边纵横的宽度比例是否一致。当宽度比例失调时，拉力不均，而极易产生断裂。通常建议3～5mm为宜。其次不干胶标签模切的边缘，尽量没有棱角，而以圆角过渡为好，因为有棱角的部位易产生排废断裂。若无法改变图形，补救的办法也可以采用面纸覆膜的方法，以增强面纸的拉伸性，再排废时，边沿的拉力增强，而不易产生断裂。

d. 排废辊的直径大小与排废角度的关系。通常排废角度大时，用较小的排废辊所受的拉力会相对较大，易产生断裂；反之，如果排废角度小，用较大的排废辊所受的拉力会相对较小。因此，当排废边较细时，往往加大排废辊的直径，可减小拉力，防止断裂。

e. 联机加工（见图5－6）的圆压圆式模切多为卷筒纸印刷，由于卷筒纸较长，往往会出现前后模切精度相关较大的现象。其主要原因为：一是柔印版印刷时，没有紧贴版面，造成印版与模切版直径不匹配。如果印量较大，建议制成无接缝印版。以解决贴版的接口不易平服的问题。二是柔印版材肖氏硬度的合理选择，也会对印版与模切版的合理匹配产生影响。因为不同硬度的版材在印刷过程中受压力变形的程度不一样。模切的积累误差精度也不一样。三是柔印树脂版制版的曝光和烘干时间决定了印版的含水量，通常含水量多的印版会略长一些。因此，中途换的印版要特别注意由于这种条件的改变而对印后模切的影响。

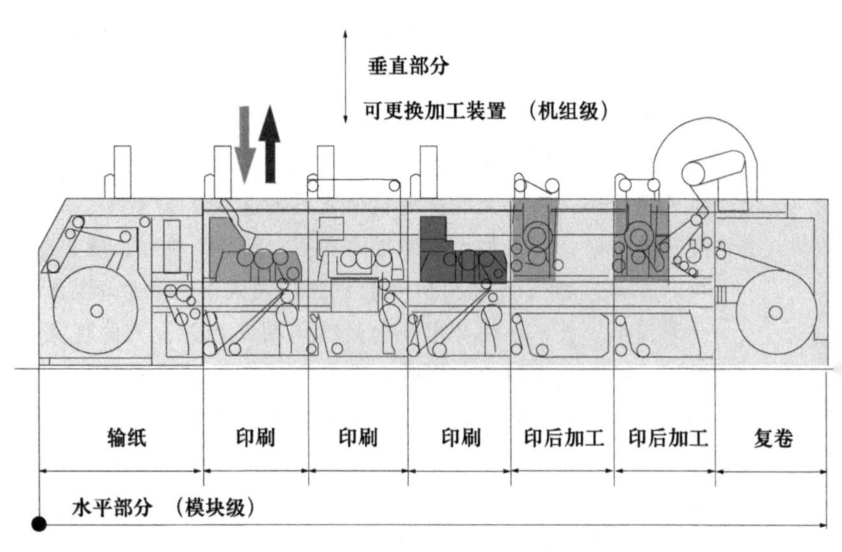

图5－6 机组式柔印机联机加工方式

三、阅读施工单

印刷生产施工单

客户名称	××公司	合同单号	016	施工单号	016	交货期	×月×日
印件名称	不干胶标签	成品尺寸	525mm×332mm			印数	10000张
拼版	拼版方式　4开拼版		拼版尺寸	大对开		印版件数	4块
			印刷色数	4色		开数	4开
切纸	用纸名称	不干胶铜版纸	用纸数	10000张（4开）			
	开纸尺寸	340mm×540mm	加放数	200张（4开）			
印刷	印刷用纸	不干胶铜版纸	印刷色数	4色			
	上机尺寸	4开机	下机数量	10100张（4开）			
印后加工	制4开激光模切版并模切加工（见样板）						

图5－7　案例十六的印刷生产施工单

四、拼版图

图5－8　不干胶激光模切版示意图

五、成本核算

（1）设计制作费（见表6－1，商标设计稿栏）

6个×500元=3000元

（2）材料费：不干胶材料通常以平方米为单位计算，通常在0.80元~2.5元/平方米之间。本案例以1.00元/平方米计。

0.54m×0.34m×1元/平方米×（10000张+200张）=$0.1836m^2$×1元/平方米×（10000张+200张）=1873元

（3）印刷费（见表6－4）超过5000印次，以色令费计，60元/色令

印刷费：10200张（4开）×60元/色令÷1000印次=612元

印版费（见表7－2）：30元×4色=120元

小计 612元+120元=732元

（4）印后加工费（见表6－8）：

激光模切版费500元+不干胶模切加工费250元=750元

（5）费用总计：3000元+1873元+732元+750元=6355元

6355元÷10000张=0.64元/张

单元六

广东地区平版印刷单价标准参考

广东地区印刷业比较发达，印刷企业数量较多，印刷工价也不断变化。广东地区印前计价、制（晒）版费用参考表6－1、表6－2。

表6－1 印前计价参考

文字稿（16开）	图片稿（16开）	地图（4开）	商标设计稿（个）
纯中文 8元/P	设计费300～500元/P	设计费1200～2000元/P	设计费500～1000元/个
表格12～20元/P	制作费100～150元/P	制作费1000～1500元/P	制作费200～500元/个
科技类10～20元/P	出胶片费50元/P	出胶片费200元/P	出胶片费50元/16开
外文类10～15元/P	专色打样费100元/色	专色打样费100元/色	打样费20元/16开
	注：设计费含制作费、出片费、打样费。		

表6－2 制（晒）版费计价表

规格	传统阳图型PS版（含拼版费）	传统阴图型PS版（含拼版费）	CTP阳图版
全开	100元/块	150元/块	200元/块
对开	50元/块	100元/块	50元/块
4开	30元/块	50元/块	30元/块

印刷费用的计算分为两类：

（1）以印刷机规格幅面的纸张印（套）数在5000张以下时，也称短版活，以开机费计（见表6－3）。

表6－3 印刷开机费计价表（开机费含制版费在内）

印机色数	4开	对开	小全开	大全开
单色	50元/块	150元/块	250元/块	350元/块
双色	150元/套	350元/块		
四色	350～550元/套	550～1150元/套	750～1450元/套	950～1750元/套

表 6 - 3 开机费的价格浮动主要依据印刷机性能而定。其表现在套印精度的高低，网点还原效率的好坏，色彩再现的程度。这些指标对印刷产品质量的影响通常较大。

（2）印刷机规格幅面的纸张印（套）数在 5000 张以上时，则以每千印次计，即色令计费方法：

一色令 = 500 张全开纸印一色 = 1000 张对开纸印一色

如表 6 - 4 所示为印刷色令类计价表。

表 6 - 4 印刷色令类计价表

平版胶印					卷筒纸轮转机（含折页费）
项目		4 开机	对开机	全开机	
单黑		40 元/色令	50 元/色令	80 元/色令	16 元/色令
彩色		60 元/色令	80 元/色令	160 元/色令	30 元/色令
金银墨印刷	1/4 面积以下	100 元/色令	120 元/色令	240 元/色令	
	2/4 面积以下	120 元/色令	160 元/色令	320 元/色令	
	3/4 面积以下	180 元/色令	240 元/色令	480 元/色令	
	3/4 面积以上	240 元/色令	320 元/色令	640 元/色令	
专色印刷	1/4 面积以下	100 元/色令	120 元/色令	240 元/色令	
	2/4 面积以下	120 元/色令	160 元/色令	320 元/色令	
	3/4 面积以下	180 元/色令	240 元/色令	480 元/色令	
	3/4 面积以上	240 元/色令	320 元/色令	640 元/色令	
空印		16 元/色令	20 元/色令	30 元/色令	
实地印刷		80 元/色令	160 元/色令	320 元/色令	
金银卡纸、玻璃卡、铝箔纸		100 元/色令	160 元/色令	320 元/色令	
$200g/m^2$ 以上厚纸 $40g/m^2$ 以下薄纸		80 元/色令	100 元/色令	200 元/色令	
PVC 胶片		240 元/色令	320 元/色令		
不干胶印刷		70 元/色令	100 元/色令		

表6－5～表6－11是广东地区各类印刷工艺的计价方式和参考价格。

表6－5　印后纸面加工计价表（整面加工）　　元/厘米^2

规格	覆光膜	覆亚膜	覆镭射膜	上光油	磨光	上吸塑油
16开	0.0375	0.0375		0.0113	0.014	0.014
大16开	0.04	0.04		0.0125	0.015	0.015
8开	0.075	0.075	0.20	0.0225	0.0275	0.0275
大8开	0.08	0.08	0.23	0.025	0.03	0.03
4开	0.15	0.15	0.38	0.045	0.055	0.055
大4开	0.16	0.16	0.46	0.05	0.06	0.06
对开	0.30	0.30	0.76	0.09	0.11	0.11
大对开	0.31	0.31	0.93	0.10	0.12	0.12

表6－5中的价格仅针对一般膜厚为15～18μm的薄膜，如需增厚另外加价10%。总价不足150元以150元计。

表6－6　印后纸面加工计价表（局部加工）

<table>
<tr><th colspan="2">制版费（最低10元）</th><th>加工费
（元/次或张）</th><th>材料费</th><th>备注</th></tr>
<tr><td rowspan="2">烫金版</td><td>金属铝　0.1元/厘米^2</td><td rowspan="2">0.015元/次
（最低150元）</td><td rowspan="2">烫金膜
0.002元/厘米^2</td><td rowspan="2">烫金费＝制版费＋加工费＋材料费</td></tr>
<tr><td>金属铜版0.3元/厘米^2</td></tr>
<tr><td rowspan="2">压凸版</td><td>树脂版　0.2元/厘米^2</td><td rowspan="2">0.015元/次
（最低150元）</td><td rowspan="2"></td><td rowspan="2">压凸（凹）费＝制版费＋加工费</td></tr>
<tr><td>金属版　0.2元/厘米^2</td></tr>
<tr><td rowspan="2">浮雕版</td><td>金属铝版3～4元/厘米^2</td><td rowspan="2">0.015元/次
（最低250元）</td><td rowspan="2"></td><td rowspan="2">浮雕版＝制版费＋加工费</td></tr>
<tr><td>金属铜版4～5元/厘米^2</td></tr>
<tr><td>压纹版</td><td>金属版　0.2元/厘米^2</td><td>0.065元/对开张数
（最低200元）</td><td></td><td>压纹＝制版费＋加工费</td></tr>
</table>

表 6－7 丝网印刷加工计价表（局部加工）

<table>
<tr><th>制版费（元/色）</th><th colspan="2">印刷费（以油墨面积元/米^2）</th><th>备注</th></tr>
<tr><td rowspan="11">60 元/4 开面积
120 元/对开面积
240 元/树脂版</td><td>局部 UV 油</td><td>9.0</td><td rowspan="11"></td></tr>
<tr><td>全面普通 UV 油</td><td>4.8</td></tr>
<tr><td>树脂版普通 UV 油</td><td>4.8</td></tr>
<tr><td>局部水晶凸油</td><td>18.00</td></tr>
<tr><td>局部水晶七彩</td><td>24.00</td></tr>
<tr><td>折光油</td><td>24.00</td></tr>
<tr><td>磨砂</td><td>12.00</td></tr>
<tr><td>冰花</td><td>9.00</td></tr>
<tr><td>夜光、荧光油墨</td><td>以油墨价值论</td></tr>
<tr><td>特种、防伪油墨</td><td>以油墨价值论</td></tr>
<tr><td colspan="2">注：印刷费不足 150 元以 150 元计</td></tr>
</table>

表 6－8 模切加工费计价表

<table>
<tr><th rowspan="2">规格</th><th colspan="2">模切版</th><th colspan="2">模切加工费</th><th colspan="2">软盒粘贴费</th></tr>
<tr><th>普通版（元/块）</th><th>激光版（元/块）</th><th>普通卡纸（元/万次）</th><th>不干胶纸（元/万次）</th><th>手粘（元/万个）</th><th>机粘（元/万个）</th></tr>
<tr><td>4 开</td><td>50～100</td><td>250～500</td><td>150～200</td><td>200～250</td><td>240</td><td>120</td></tr>
<tr><td>对开</td><td>150～200</td><td>550～5000</td><td>250～300</td><td>250～300</td><td>240</td><td>120</td></tr>
<tr><td>全开</td><td>250～300</td><td></td><td colspan="2"></td><td></td><td></td></tr>
<tr><td colspan="3">模切版的选择及加工费的价格浮动视下列因素确定：
① 当弧线的弯曲角度、曲率大时，选择激光模切版；
② 当切口位要求质量较高时，宜选择激光模切版；
③ 当版内刀位多且复杂时，价格相对较高；
④ 版内小盒数量多达 10 个以上时，拼版对位难度增大，价格相对较高</td><td colspan="2"></td><td colspan="2">大型软盒视粘口位的数量增加而递增。例如粘口位两处，则上述工价乘以 2；粘口位四处，则上述工价乘以 4</td></tr>
</table>

注：不足以上基本价时，以基本价计。

表 6 – 9　书刊类装订工价表

	封面类		内页（含折页、配页、机装）		上封面
精装	封面与纸板的裱糊面积 + 纸板与环衬的裱糊面积	0.0006 元/厘米^2	无线胶订	0.05 ~ 0.06 元/帖 单页插页与单帖同价	贴纱布　0.10 元/个 贴脊头布　0.10 元/个 贴丝带　0.10 元/个 封面起脊　0.50 元/个 上护封　0.10 元/个
	模切版费	50 ~ 80 元/块	锁线订	0.07 元/帖	
	模切加工费	起价 150 元/块			
假精装	封面与环衬的裱糊面积	0.0006 元/厘米^2	无线胶订	0.05 ~ 0.06 元/帖 单页插页与单帖同价	
	模切版费	30 ~ 50 元/块	锁线订	0.07 元/帖	
	模切加工费	起价 150 元/块			
平装	200g/m^2 以上纸张另收模切版费	30 ~ 50 元/块	无线胶订	0.05 ~ 0.06 元/帖 单页插页与单帖同价	有勒口：内页帖价乘 4 无勒口：内页帖价乘 2 单页插页与单帖同价
			锁线订	0.07 元/帖	
	模切加工费	起价 150 元/块	铁丝平订	0.02 ~ 0.03 元/帖	
骑马订	封面与内页用纸相同时，以帖数计：0.03 元/帖				
	封面与内页用纸不同时，封面纸当 1 帖单计：0.03 元/帖				

表 6 – 9 任何一个单项的工价累计不足 150 元时，以 150 元计。例如，胶订内页每本 10 帖，10 帖/本 ×0.05 元/帖 = 0.50 元/本，装 100 本，100 本 ×0.50 元/本 = 50 元，此时不足 150 元以 150 元计。

表 6 – 10　工艺硬盒加工费的计算

硬盒主体加工费		盒内副件加工费	其他附加条件的加工费	
面纸	模版费 50 ~ 150 元/块	贴斜丝带 0.05 元/条 加磁吸　0.15 元/对 放内托　0.10 元/个	面纸内衬海绵加工	模版费 50 ~ 150 元/块
	模切费 150 元/万次			模切费 150 元/万次
	裱糊费 0.0006 元/厘米^2			裱糊费 0.0006 元/厘米^2
灰纸板	模版费 50 ~ 150 元/块	有边框线位的硬盒　裱糊费　0.0009 元/厘米^2 不规则异形盒　裱糊费　0.0009 ~ 0.0015 元/厘米^2 硬盒成型拼接费　0.10 元/拼 开窗式纸盒的窗口面积另加裱糊费　0.0006 元/厘米^2		
	模切费 150 元/万次			
内衬纸	模版费 50 ~ 150 元/块			
	模切费 150 元/万次			
	裱糊费 0.0006 元/厘米^2			

表6－10中任何一个单项的工价累计不足150元时，以150元计。例如，

①放内托每个0.10元，0.10元×500个＝50元，以150元计。

②小形盒裱糊面积每个在0.40元以内时以0.4元计，单项累计加工不足150元时以150元计。

表6－11 制礼品袋、纸袋类印后加工计费

制模切版		模切加工、粘袋、穿绳	备注
4开	80元/块	0.30元/个	起点价300元
对开	150元/块	0.38元/个	起点价380元
全开	250元/块	0.45元/个	起点价450元

表6－12 彩色印刷与印后加工方式加放率

加工项目（每色）	加放率（%）/印刷数量（万）					备注
	0.5万以下	0.5万～1万	1万～3万	3万～5万	5万以上	
套色印刷	5%	4%	3%	2．5%	2%	每一工序的起点加放数为50张纸
实地印刷	8%	7%	6%	5%	4%	
专色印刷	8%	7%	6%	5%	4%	
金银卡纸	8%	7%	6%	5%	4%	
覆膜	10%	9%	8%	7%	6%	
压纹	10%	9%	8%	7%	6%	
磨光	10%	9%	8%	7%	6%	
上光油	10%	9%	8%	7%	6%	
烫金	10%	9%	8%	7%	6%	

续表

加工项目（每色）	加放率（%）/ 印刷数量（万）					备注
	0.5万以下	0.5万～1万	1万～3万	3万～5万	5万以上	
框线类烫金	15%	14%	13%	12%	11%	
压凸	10%	9%	8%	7%	6%	
模切	10%	9%	8%	7%	6%	
面纸裱糊	14%	13%	12%	11%	10%	
瓦楞裱糊	13%	11%	10%	9%	8%	
局部UV油	15%	13%	12%	11%	10%	
磨砂	15%	13%	12%	11%	10%	
七彩水晶	15%	13%	12%	11%	10%	

附录

附录一　印刷品质量检测工具及其应用

附录二　印刷用字单位磅与号的规格比较

附录三　灰纸板克重与厚度的关系

附录四　2013年印刷纸价参考

附录五　纸张克重、数量、厚度、张/吨的换算

附录一 印刷品质量检测工具及其应用

1. D118C 色密度计

测量范围：密度 D 0.00 ~0.25；

测量孔径：3.6mm；

测量时间：约 0.8s；

光学系统：45°/0°等同于 ANSI 和 ISO 标准；

光源：单纤维灯管 色温 2856K；

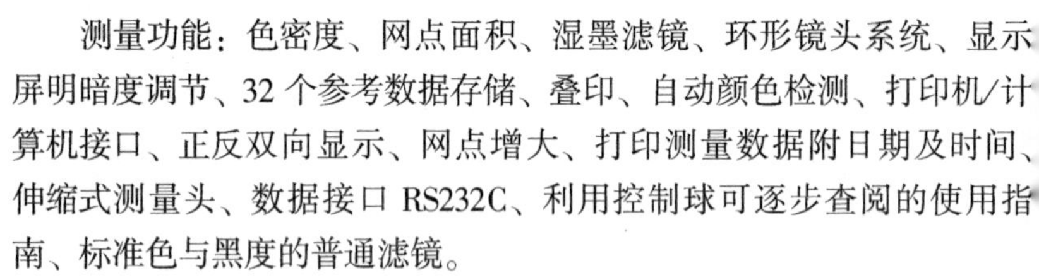

测量功能：色密度、网点面积、湿墨滤镜、环形镜头系统、显示屏明暗度调节、32 个参考数据存储、叠印、自动颜色检测、打印机/计算机接口、正反双向显示、网点增大、打印测量数据附日期及时间、伸缩式测量头、数据接口 RS232C、利用控制球可逐步查阅的使用指南、标准色与黑度的普通滤镜。

GretagMacbeth 的 D118C 色密度计测量精确，操作简便，具有色密度测量所要求的全部功能。其特征如下：

· 伸缩式测量头，定位准确；

· 偏正光滤色片，可以在湿墨与干墨之间比较色密度；

· GretagMacbeth 环状镜头系统，读数精确；

· 左右手操作均可；

· 大屏幕中文显示；

· 高精度图形显示。

色密度：测量墨层厚度，减低肉眼未能准确判断的色差，从而准确控制印品的层次。

网点增大：计算网点增大率，以此判定印刷压力、油墨墨量等因素，从而准确控制印品的层次。

叠印率：叠印率是表示油墨附着纸张跟附着另一油墨上的能力比较。影响叠印率的因素包括墨层厚度、油墨黏性、色序等。叠印不良会导致产品色彩出现偏差，层次混乱。

2. ColorEye® XTH 便携式分光光度仪

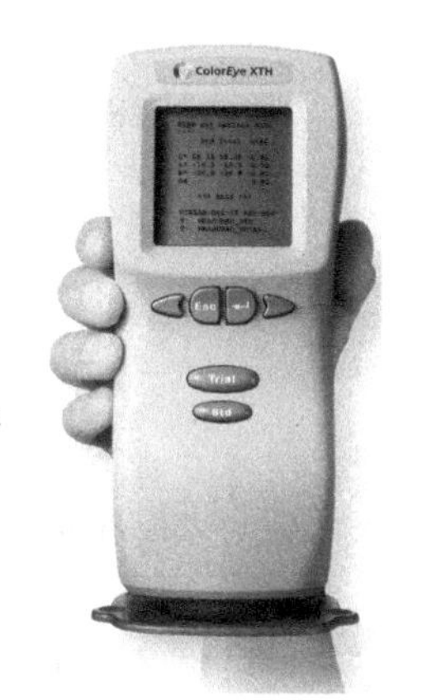

测光范围：0% ~200%；

测量孔径：常规孔径（RAV）照明/测量 10mm 直径/5mm 直径
小孔径（SAV）照明/测量 5mm 直径/2mm 直径；

测量时间：约 1s；

波长间隔：10nm；

照明：脉冲氙；

光谱范围：360 ~750 nm；

测光解析度：0.01%；

其他功能：色空间 CIE94 CMC XYZ xy CIELCH FMC – II CIELAB LAB；

光源：A CWF（F2） TL83 C DLF（F7） TL84
D50 NBF（F11） TL85 D55 SPL D50 U30
D65 SPL D65 D75 SPL D75；

数据显示：色彩坐标、色彩评估、各类指标、60 度相关光泽、孟塞尔色谱、光谱值。

3. X – rite 500 系列分光密度仪

500 系列分光密度仪特点如下：

测量功能：密度、密度差、网点面积、网点增大、叠印、印刷反差、色调误差、灰度、色度功能、色彩比较、纸张偏色及亮度；

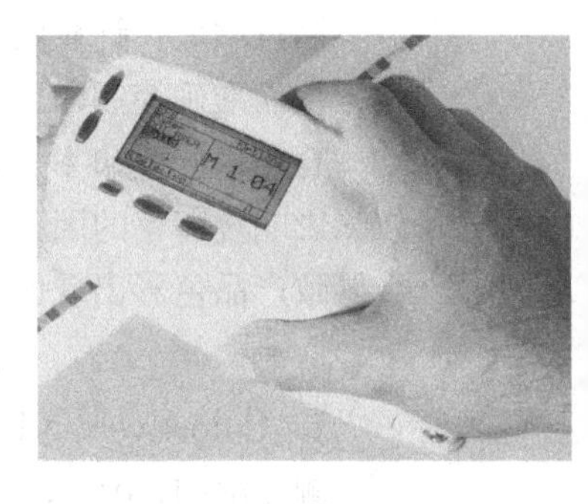

测量范围：密度 D 0.00～0.25；

测量孔径：3.4mm/2.0mm/6.0mm；

测量时间：约 0.8s；

光学系统：45°/0°等同于 ANSI 和 ISO 标准；

光源：脉冲式充气钨丝灯　色温 2856K；

光谱范围：400～700nm。

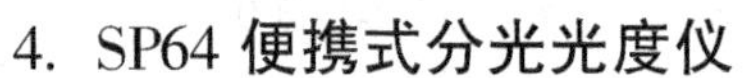

4. SP64 便携式分光光度仪

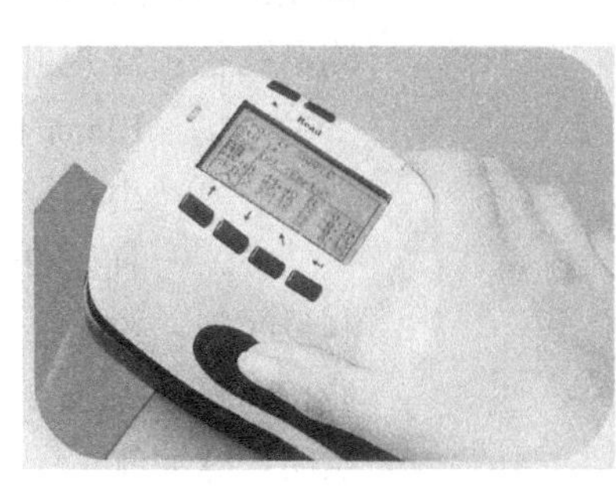

测量范围：0%～200% 反射率

测量孔径：4mm 测量/6.5mm 照明、8mm 测量/13mm 照明、14mm 测量/20mm 照明；

测量时间：约 2s；

标准照明体：D65、D50、D75；

光源：脉冲式充气钨丝灯 色温 2856K；

标准观察者角度：2°及 10°；

光谱波长间距：10nm。

测量功能与指数：SP64 能提供下列色度系统的绝对值及相差值，数值主要采用九种标准光源，2°或 10°标准观察者角度表示：CIE-XYZ、CIE Yxy、CIE LAB、HUNTER LAB、CIE LCH、CMC 和 CIE94、ASTME313－98 中的白度和黄度、同色异谱指数及 DIN6172。

合格/不合格显示模式：SP64 储存 1024 个标准连容差设定，方便合格/不合格测量，红/绿发光二极管显示灯及液晶文字显示方便人眼检测结果。SP64 还能发出声响提示不合格或完成测量的结果。

不透明度和颜色力度：SP64 可测量不透明度和三种颜色力度（表观、色度和三刺激值）。另外，SP64 更备有纺织专用 555 色光分类功能，该测量有助于塑料、涂料或纺织等产品的颜色品质控制。

5. SpectroEye 分光光度仪/色密度仪

测量范围：密度 D 0.00 ~0.25；

光学系统：45°/0° 执行标准 DIN5033；

光源：充气钨丝灯 A 型照明；

光谱范围：380 ~730nm；

测量功能与指数：

标准功能：最佳匹配、专色 Lab 值、色差 ΔE、专色密度、色密度差、手动输入 Lab 值、显示屏明暗度调节、显示屏明暗度调节、网点增大、自动颜色检测、32 个参考数据存储、保存测量数据、网点面积、打印测量数据附日期及时间、打印机/计算机接口、光谱反射曲线、利用控制球可逐步查阅的使用指南、湿墨滤镜、叠印、伸缩式测量头、密度、正反双向显示、环形镜头系统、数据接口 RS232C；

选配功能：所有色密度、色密度差、电子 PANTONE 色库、印刷特性曲线、白度、印版测量、色相误差/灰度、自动功能 1/自动功能 2、设置密码保护、电子 TOYO 色库、电子 DIC 色库、反差。

6. IntelliTrax™ 自动扫描系统（属于爱色丽公司 Streamlined Color Management™）

印刷全流程色彩管理的一部分，从设计到印刷产品色彩的精确和一致。全新的 IntelliTrax 自动扫描系统，是目前用于单张纸印刷中，在印刷端对色彩进行控制最快捷、智能化程度最高的自动扫描测色系统。

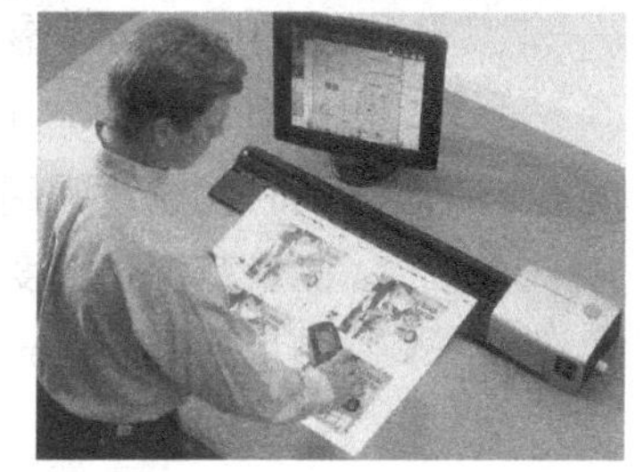

IntelliTrax 可以以图解“交通灯”的方式实时显示测量结果：绿色条表

示颜色可以接受，黄色和红色表示数值超出容差。IntelliTrax 可以快速确定问题出现的部位，使操作员在发生变色报废之前轻松地控制住印刷过程。测量范围为 40 英寸的印刷页面。其特点有：

· 根据扫描识别难易程度确定扫描速度；

· 根据 5mm 宽色标来确定扫描速度；

· 根据手持式仪器测量速度计为，5mm 宽的测控条，200 个色标，每次测量/色标需要 4s；

· 兼容 CIP4 IntelliTrax 支持使用工业 CIP4 和 JDF 数据标准。这样可以保证设置速度更快。同时，例如油墨循环、色标、作业标识和纸料等作业信息更加的精确。

7. 爱色丽（X-Rite）的便携式 ICPlate™Ⅱ印版检测仪系列

测量功能：CTP 印版（阳图版、阴图版）的网点百分率、网线数、网点形状（调频或调幅网点）、加网角度等。可测得小至 4μm 的细小网点。支持 ISO 9000 工作流程。

测量范围：调频网点　A 10 ~ 50μm；调幅网点　65 ~ 380 线/英寸；

目标尺寸：1.3mm × 1mm；

测量时间：3.4s。

iCPlate II

8. ICPlate™透射密度仪

测量功能：底片胶片（阴图与阳图）的密度和网点面积；

测量范围：密度 D 0.00 ~ 6.0；

测量孔径：1mm、2mm、3mm。

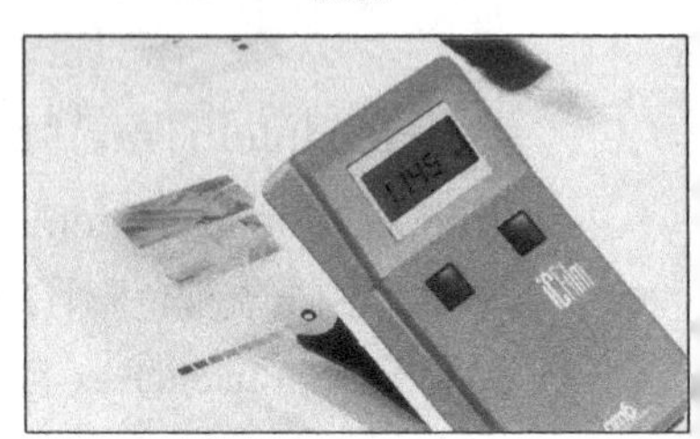

iCFilm

9. vipFLEX 柔性版印刷质量检测工具

测量功能：网点面积（%）、网点尺寸（网点直径）、网点线数（线/厘米，线/英寸）、线宽、边缘因数、莫尔纹、可视化分析、读数放大镜（2X）、特性曲线、测量类型：柔性版、遮盖板、胶印版（阳图和阴图）、纸张、胶片（阳图和阴图）、塑料薄膜、调幅网点、调频网点、桑巴网和混和加网（仅高光和阴暗处）。

测量技术：传感器、RGB 摄像头 640×480；

传感器分辨率：10000ppi；

校正板尺寸约：1.5mm×1.1mm（0.6in×0.43in）；

光源：RGB（自动选择）；

网线数范围（AM）：32～60 线/厘米　80～150lpi；

重复精度：±0.5%；

测量时间：<1s。

10. 放大镜

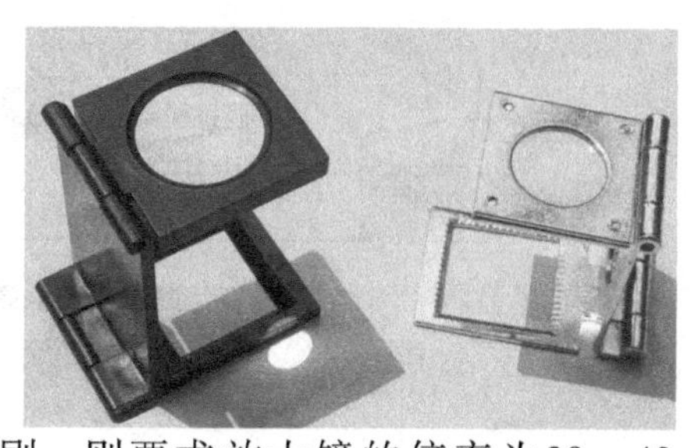

放大镜在印刷流程中的拼版与印刷机台使用，多以 5～20 倍可以满足基本需要。针对分辨率较高的调频网点印刷以及 200 线以上的调幅网点的印刷，则要求放大镜的倍率为30～40 左右。

检测功能：网点大小、网点变异、油墨的饱和度。

11. 在线质量检测系统

印刷在线质量检测系统是通过摄像头，对正在卷筒机生产线上的印刷品进行连续拍摄，以便在不停机看样的基础上能找出质量问题。其检测系统工作原理是：摄像头先采集一幅标准印刷样品，保存在计算机内，然后在线采集待检图像，并不断与标准图像对比，检出差错或差距，根据差错等级发出不同程度的报警信息，以便及时改进。

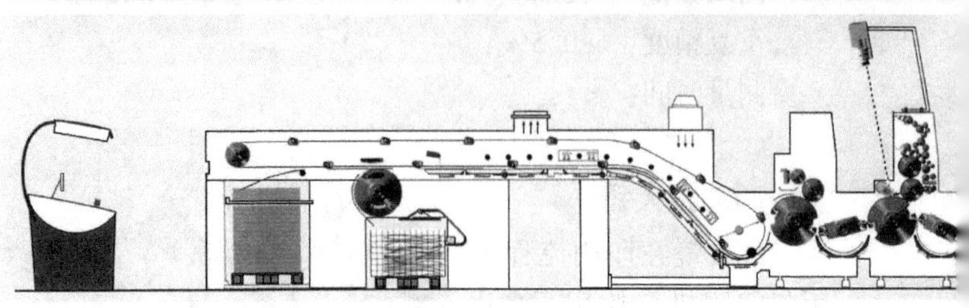

曼罗兰鹰眼联线检测系统联手曼罗兰联线分拣装置

附录二　印刷用字单位磅与号的规格比较

字大（磅）	字高	字大（号）	字高
5 磅 印刷工业出版社	1.25mm	八号 印刷工业出版社	1.25mm
5.5 磅 印刷工业出版社	1.5mm	七号 印刷工业出版社	1.5mm
6.5 磅 印刷工业出版社	2.0mm	小六号 印刷工业出版社	2.0mm
7.5 磅 印刷工业出版社	2.5mm	六号 印刷工业出版社	2.5mm
8.0 磅 印刷工业出版社	2.75mm		
9.0 磅 印刷工业出版社	3.0mm	小五号 印刷工业出版社	3.0mm
10.0 磅 印刷工业出版社	3.25mm		
10.5 磅 印刷工业出版社	3.50mm	五号 印刷工业出版社	3.5mm

附录二说明：很多时候在电脑的字库中，经常会遇到以上这两种规格相近的字，使用中会不时出现用字规格的混乱。特别是仔细看时，不仅是字的大小不同，甚至是字体格式的细部笔画都有差异，这是因为不同规格的字库选择不同的字形方式决定的。

通常以磅为单位的字的规格，多用于习惯为英制的出版印刷业，而以字号为单位的字的规格习惯用于中国内地的出版印刷业。因此，了解两者间的区别，在使用中才不至于出现混乱。

附录三 灰纸板克重与厚度的关系

荷兰青蛙灰纸板（含水 8%）		大白沙灰纸板（含水 11% ~13%）		神龙灰纸板（含水 11% ~13%）	
（g/m^2）	厚（mm）	（g/m^2）	厚（mm）	（g/m^2）	厚（mm）
		225	0.35		
		290	0.45		
		390	0.60		
		450	0.70		
		520	0.80		
		580	0.90		
615	1.00	645	1.00		
		710	1.10		
		775	1.20		
		840	1.30		
		905	1.40		
920	1.50	970	1.50	980	1.50
		1030	1.60		
		1095	1.70		
		1160	1.80		
		1225	1.90		
1230	2.00	1290	2.00	1300	2.00
		1355	2.10		
		1385	2.15		

续表

荷兰青蛙灰纸板（含水8%）		大白沙灰纸板（含水11%～13%）		神龙灰纸板（含水11%～13%）	
（g/m^2）	厚（mm）	（g/m^2）	厚（mm）	（g/m^2）	厚（mm）
		1420	2.20		
		1450	2.25		
		1485	2.30		
		1515	2.35		
		1581	2.40		
		1615	2.45		
1540	2.50	1645	2.50	1625	2.50
		1680	2.55		
		1710	2.60		
		1740	2.65		
		1775	2.70		
		1805	2.80		
		1840	2.85		
		1870	2.90		
		1905	2.95		
1845	3.00	1935	3.00	1950	3.00
		2000	3.10		
2150	3.50	2255	3.50	2275	3.50
2460	4.00	2580	4.00	2600	4.00
		2900	4.50		
		3225	5.00		

附录三说明：表中列举了三种灰纸板的品牌规格，荷兰（进口）青蛙灰纸板含水量8%，相对于国产的大白沙灰纸板和神龙

灰纸板的含水量 11% ~13%，显然荷兰灰纸板的使用在高档精装书壳或高级礼品盒的衬板使用上，变形率很低，通常可以保持数十年不变。含水量高的灰纸板，缺陷就在于，变形率的增加使得印刷品在制作过程中容易产生不确定的变形。特别是要求高档，保存时间长久的印刷产品。进口灰纸板，通常规格厚度较少（见表格），选择余地不大，但常用规格可基本满足使用需求。

附录四 2013 年印刷纸价参考

印刷纸品名称（g/m^2）	规格（mm × mm）	元/吨
书写纸、双胶纸		
60 ~ 150 胶版纸	卷筒纸	5900
70 ~ 120 胶版纸	正度、大度	6500
80 ~ 140 日本胶版纸	正度、大度	9100
60 ~ 80 书写纸	正度、大度	5800
铜版纸		
食品级双铜纸	卷筒	10800
105 金东双铜纸	正度、大度	6500
128 ~ 157 金东双铜纸	正度、大度	6000
157 ~ 300 北级双铜纸	正度、大度	9800
白板纸		
200 ~ 550 进口白板纸	正度、大度	3000
350 ~ 600 美国再生浆灰底白板纸	正度、大度	4200
200 ~ 500 国产灰底白板纸	正度、大度	3500
白卡纸		
200 白卡纸	正度、大度	5000
200 ~ 250 黑卡纸	卷筒	5800
250 ~ 350 白芯白卡纸	正度、大度、卷筒	7000
315 荷兰白卡纸	正度	16000

续表

印刷纸品名称（g/m²）	规格（mm×mm）	元/吨
180～400 印尼白卡纸	正度、大度、卷筒	11000
牛皮纸		
35～112 牛皮纸	卷筒	3500
40～90 精品牛皮纸	卷筒	4800
40 食品级牛皮纸	卷筒	15000
金、银卡纸		
200～350 金、银卡纸	正度、大度	8000
200～350 镭射纸	正度、大度	9500
250～350 灰底玻璃卡纸	正度、大度	9100
200～350 白底玻璃卡纸	正度、大度、卷筒	12000
灰纸板		
615～2460 荷兰青蛙灰纸板	正度、大度、卷筒	5200
1000～3000 国产精品灰纸板	正度、大度、卷筒	3400
1000～3000 国产普通灰纸板	正度、大度、卷筒	3000

附录四说明：此表为广州地区 2013 年上半年的部分纸价，只作为参考，企业的采购业务员与跟单员应随时关注市场信息。

附录五 纸张克重、数量、厚度、张/吨的换算

克重 \ 数量 \ 规格	787mm × 1092mm	889mm × 1194mm	850mm × 1168mm	880mm × 1230mm	纸张厚度参考/mm
40g/m²	29090 张/吨	23552 张/吨			字典纸 0.04887
45g/m²	25858 张/吨	20935 张/吨			
50g/m²	23272 张/吨	18842 张/吨			
52g/m²	22377 张/吨	18117 张/吨			凸版纸 0.07388
55g/m²	21156 张/吨	17129 张/吨			书写纸 0.08
60g/m²	19393 张/吨	15701 张/吨	16787 张/吨	15731 张/吨	胶版纸 0.08
70g/m²	16623 张/吨	13458 张/吨	14389 张/吨	13198 张/吨	胶版纸 0.085
80g/m²	14545 张/吨	11776 张/吨	12590 张/吨	11548 张/吨	胶版纸 0.09
90g/m²	12929 张/吨	10467 张/吨	11191 张/吨	10265 张/吨	
100g/m²	11636 张/吨	9421 张/吨	10072 张/吨	9238 张/吨	胶版纸 0.112
105g/m²	11082 张/吨	8972 张/吨	9593 张/吨	8798 张/吨	
120g/m²	9697 张/吨	7850 张/吨	8393 张/吨	7699 张/吨	胶版纸 0.115
128g/m²	9091 张/吨	7360 张/吨	7869 张/吨	7217 张/吨	铜版纸 0.100
150g/m²	7757 张/吨	6280 张/吨	6715 张/吨	6159 张/吨	胶版纸 0.156
157g/m²	7411 张/吨	6000 张/吨	6415 张/吨	5884 张/吨	铜版纸 0.15
200g/m²	5818 张/吨	4710 张/吨	5036 张/吨	4619 张/吨	
210g/m²	5541 张/吨	4486 张/吨	4796 张/吨	4399 张/吨	
230g/m²	5059 张/吨	4096 张/吨	4379 张/吨	4017 张/吨	
250g/m²	4654 张/吨	3768 张/吨	4029 张/吨	3695 张/吨	白卡纸 0.25

续表

克重＼数量＼规格	787mm × 1092mm	889mm × 1194mm	850mm × 1168mm	880mm × 1230mm	纸张厚度参考/mm
300g/m²	3879 张/吨	3140 张/吨			
350g/m²	3324 张/吨	2691 张/吨			
400g/m²	2909 张/吨	2355 张/吨			
500g/m²	2327 张/吨	1884 张/吨			
600g/m²	1939 张/吨	1570 张/吨			

附：纸张单价计算的常数

$10^6 \div (0.787m \times 1.092m) = 1163597$

$10^6 \div (0.889m \times 1.194m) = 942093$

$10^6 \div (0.850m \times 1.168m) = 1007252$

$10^6 \div (0.880m \times 1.230m) = 923873$